Illustrator

基础培训教程

全彩版

数字艺术教育研究室 编著

Ai

人民邮电出版社

北京

图书在版编目（ＣＩＰ）数据

中文版Illustrator CS6基础培训教程 ： 全彩版 /
数字艺术教育研究室编著. -- 北京 ： 人民邮电出版社,
2022.7（2024.2重印）
ISBN 978-7-115-58405-2

Ⅰ．①中… Ⅱ．①数… Ⅲ．①图形软件—教材 Ⅳ.
①TP391.412

中国版本图书馆CIP数据核字(2021)第270615号

内 容 提 要

本书全面系统地介绍了 Illustrator 的基本操作方法和矢量图形制作技巧，内容包括 Illustrator 的基础知识、图形的绘制和编辑、路径的绘制与编辑、对象的组织、颜色填充与描边、文本的编辑、图表的编辑、图层和蒙版的使用、混合与封套效果的使用、效果的使用及商业案例实训等。

本书以课堂案例为主线，通过对各案例实际操作的讲解，帮助读者快速上手，熟悉软件功能和艺术设计思路。书中的软件功能解析部分能帮助读者深入学习软件功能；课堂练习和课后习题，可以提高读者的实际应用能力，使读者掌握软件使用技巧；商业案例实训，可以帮助读者快速掌握商业图形的设计理念，顺利达到实战水平。

本书附带学习资源，内容包括书中所有案例的素材、效果文件及在线视频，读者可通过在线方式获取这些资源，具体方法请参看本书前言。

本书适合作为院校和培训机构艺术专业课程的教材，也可作为 Illustrator 自学人士的参考用书。

♦ 编　　著　数字艺术教育研究室
　　责任编辑　张丹丹
　　责任印制　马振武
♦ 人民邮电出版社出版发行　　北京市丰台区成寿寺路 11 号
　　邮编　100164　电子邮件　315@ptpress.com.cn
　　网址　https://www.ptpress.com.cn
　　廊坊市印艺阁数字科技有限公司印刷
♦ 开本：787×1092　1/16
　　印张：19　　　　　　　　2022 年 7 月第 1 版
　　字数：507 千字　　　　　2024 年 2 月河北第 4 次印刷

定价：79.90 元
读者服务热线：(010)81055410　印装质量热线：(010)81055316
反盗版热线：(010)81055315
广告经营许可证：京东市监广登字 20170147 号

前　言

Illustrator 是由 Adobe 公司开发的矢量图形处理软件，它功能强大、易学易用，深受图形图像处理爱好者和平面设计人员的喜爱。目前，我国很多院校和培训机构的艺术专业，都将 Illustrator 作为一门重要的专业课程。为了帮助院校和培训机构的教师全面、系统地讲授这门课程，也为了帮助读者能够熟练地使用 Illustrator 进行设计创意，数字艺术教育研究室组织院校从事 Illustrator 教学的教师与专业平面设计公司经验丰富的设计师共同编写了本书。

我们对本书的编写体例做了精心的设计，按照"课堂案例—软件功能解析—课堂练习—课后习题"这一思路进行编排。力求通过课堂案例演练，使读者快速熟悉软件功能和艺术设计思路；通过软件功能解析，使读者掌握软件使用技巧；通过课堂练习和课后习题，提高读者的实际应用能力。在内容编写方面，力求细致全面、突出重点；在文字叙述方面，注意言简意赅、通俗易懂；在案例选取方面，注重案例的针对性和实用性。

本书附带学习资源，内容包括书中所有案例的素材及效果文件。这些学习资源文件均可在线获取，扫描"资源获取"二维码，关注"数艺设"的微信公众号，即可得到学习资源文件获取方式，并且可以通过该方式获得在线视频的观看地址。另外，购买本书作为授课教材的教师也可以通过该方式获得教师专享资源，其中包括教学大纲、电子教案、PPT 课件，以及课堂案例、课堂练习和课后习题的教学视频等。如需资源获取技术支持，请致函 szys@ptpress.com.cn。本书的参考学时为 60 学时，其中讲授环节为 34 学时，实训环节为 26 学时，各章的参考学时请参见下面的学时分配表。

章　序	课程内容	学时分配	
		讲　授	实　训
第 1 章	初识 Illustrator CS6	1	
第 2 章	图形的绘制和编辑	3	2
第 3 章	路径的绘制与编辑	4	3
第 4 章	对象的组织	2	1
第 5 章	颜色填充与描边	4	3
第 6 章	文本的编辑	4	3
第 7 章	图表的编辑	2	2
第 8 章	图层和蒙版的使用	3	2
第 9 章	混合与封套效果的使用	2	2
第 10 章	效果的使用	4	3
第 11 章	商业案例实训	5	5
学 时 总 计		34	26

由于时间仓促，编者水平有限，书中难免存在不妥之处，敬请广大读者批评指正。

编　者
2022 年 3 月

资源与支持

本书由"数艺设"出品，"数艺设"社区平台（www.shuyishe.com）为您提供后续服务。

学习资源

所有案例的素材、效果文件和在线视频

教师专享资源

教学大纲
电子教案
PPT 课件
教学视频

资源获取请扫码

"数艺设"社区平台，为艺术设计从业者提供专业的教育产品。

与我们联系

我们的联系邮箱是 szys@ptpress.com.cn。如果您对本书有任何疑问或建议，请您发邮件给我们，并请在邮件标题中注明本书书名及 ISBN，以便我们更高效地做出反馈。

如果您有兴趣出版图书、录制教学课程，或者参与技术审校等工作，可以发邮件给我们。如果学校、培训机构或企业想批量购买本书或"数艺设"出版的其他图书，也可以发邮件联系我们。

如果您在网上发现针对"数艺设"出品图书的各种形式的盗版行为，包括对图书全部或部分内容的非授权传播，请您将怀疑有侵权行为的链接通过邮件发给我们。您的这一举动是对作者权益的保护，也是我们持续为您提供有价值的内容的动力之源。

关于"数艺设"

人民邮电出版社有限公司旗下品牌"数艺设"，专注于专业艺术设计类图书出版，为艺术设计从业者提供专业的图书、视频电子书、课程等教育产品。出版领域涉及平面、三维、影视、摄影与后期等数字艺术门类，字体设计、品牌设计、色彩设计等设计理论与应用门类，UI 设计、电商设计、新媒体设计、游戏设计、交互设计、原型设计等互联网设计门类，环艺设计手绘、插画设计手绘、工业设计手绘等设计手绘门类。更多服务请访问"数艺设"社区平台 www.shuyishe.com。我们将提供及时、准确、专业的学习服务。

目　录

第1章

初识 Illustrator CS6

本章介绍

本章将介绍 Illustrator CS6 的工作界面,以及矢量图和位图的概念。此外,还将介绍文件的基本操作等。通过对本章的学习,读者可以掌握 Illustrator CS6 的基本功能,为进一步学习 Illustrator CS6 打下坚实的基础。

学习目标

- 熟悉 Illustrator CS6 的工作界面。
- 了解矢量图和位图的区别。
- 熟练掌握文件的基本操作方法。
- 掌握图像显示效果的操作方法。
- 掌握标尺、参考线和网格的使用方法。

技能目标

- 熟练掌握文件的新建、打开、保存和关闭方法。
- 熟练掌握图像显示效果的操作方法。
- 熟练掌握标尺、参考线和网格的应用。

1.1 Illustrator CS6 的工作界面

Illustrator CS6 的工作界面主要由菜单栏、标题栏、工具箱、工具属性栏、控制面板、页面区域、滚动条及状态栏等组成，如图 1-1 所示。

图 1-1

菜单栏：包括 Illustrator CS6 所有的操作命令，主要有 9 个主菜单，每个主菜单又包括各自的子菜单，通过选择这些命令可以完成基本操作。

标题栏：左侧是当前文档的名称、显示比例和颜色模式，右侧是控制窗口的按钮。

工具箱：包括 Illustrator CS6 所有的工具，其中大部分工具有展开式工具栏，包括与该工具功能类似的工具，可以更方便、快捷地进行绘图与编辑。

工具属性栏：选择工具箱中的工具后，Illustrator CS6 的工作界面中会出现该工具的属性栏。

控制面板：使用控制面板可以快速调出许多设置数值和调节功能的面板，它是 Illustrator CS6 中重要的组件。控制面板是可以折叠的，可根据需要分离或组合，非常灵活。

页面区域：工作界面的中间是以黑色实线表示的矩形区域，这个区域的大小就是用户设置的页面大小。

滚动条：当屏幕内不能完全显示出整个文档时，拖曳滚动条可以实现对整个文档的浏览。

状态栏：显示当前文档视图的显示比例及当前正使用的工具等信息。

1.1.1 菜单栏

熟练地使用菜单栏能够快速、有效地绘制和编辑图像，下面详细讲解菜单栏。

Illustrator CS6 的菜单栏包含"文件""编辑""对象""文字""选择""效果""视图""窗口""帮助"共 9 个主菜单，如图 1-2 所示。每个主菜单包含相应的子菜单。

菜单命令的左边是命令的名称，经常使用的命令右边是该命令的快捷键，直接按快捷键可以执行该命令。例如，"选择 > 全部"命令的快捷键为 Ctrl+A。

文件(F)	编辑(E)	对象(O)	文字(T)	选择(S)	效果(C)	视图(V)	窗口(W)	帮助(H)

图 1-2

有些命令的右边有一个黑色的三角形▶，表示该命令还有相应的子菜单，单击三角形▶，即可弹出其子菜单。有些命令的后面有省略号…，表示单击该命令可以弹出相应的对话框，在对话框中可进行更详尽的设置。有些命令呈灰色，表示该命令在当前状态下不可用，在选中相应的对象或在对应的设置时才可用。

1.1.2 工具箱

Illustrator CS6 的工具箱内包括大量具有强大功能的工具，这些工具可以使用户在绘制和编辑图像的过程中制作出更加精彩的效果。工具箱如图 1-3 所示。

工具箱中部分工具按钮的右下角有一个黑色三角形，表示该工具还有展开工具组，按住该工具不放，即可弹出展开工具组。例如，按住文字工具 T，将展开文字工具组，如图 1-4 所示。单击文字工具组右边的黑色三角形，如图 1-5 所示，文字工具组即可从工具箱中分离出来，成为一个相对独立的工具栏，如图 1-6 所示。

图 1-3　　　　图 1-4　　　　图 1-5　　　　图 1-6

下面介绍主要的展开工具组。

直接选择工具组：包括 2 个工具，即直接选择工具和编组选择工具，如图 1-7 所示。

钢笔工具组：包括 4 个工具，即钢笔工具、添加锚点工具、删除锚点工具和转换锚点工具，如图 1-8 所示。

文字工具组：包括 6 个工具，即文字工具、区域文字工具、路径文字工具、直排文字工具、直排区域文字工具和直排路径文字工具，如图 1-9 所示。

■ ↖ 直接选择工具 (A)	⊘ 钢笔工具 (P)	T 文字工具 (T)
↖⁺ 编组选择工具	＋⊘ 添加锚点工具 (+)	T 区域文字工具
	⊘ 删除锚点工具 (−)	✓ 路径文字工具
	⌐ 转换锚点工具 (Shift+C)	IT 直排文字工具

图 1-7　　　　　图 1-8　　　　　图 1-9

直线段工具组：包括 5 个工具，即直线段工具、弧形工具、螺旋线工具、矩形网格工具和极坐标网格工具，如图 1-10 所示。

矩形工具组：包括 6 个工具，即矩形工具、圆角矩形工具、椭圆工具、多边形工具、星形工具和光晕工具，如图 1-11 所示。

铅笔工具组：包括 3 个工具，即铅笔工具、平滑工具和路径橡皮擦工具，如图 1-12 所示。

橡皮擦工具组：包括 3 个工具，即橡皮擦工具、剪刀工具和刻刀，如图 1-13 所示。

■ ／ 直线段工具 (\)	■ ▢ 矩形工具 (M)	■ ✎ 铅笔工具 (N)	■ ⬩ 橡皮擦工具 (Shift+E)
⌒ 弧形工具	▢ 圆角矩形工具	✎ 平滑工具	✂ 剪刀工具 (C)
◉ 螺旋线工具	◯ 椭圆工具 (L)	✎ 路径橡皮擦工具	✎ 刻刀
▦ 矩形网格工具	⬠ 多边形工具		
◉ 极坐标网格工具	☆ 星形工具		
	◎ 光晕工具		

图 1-10　　　图 1-11　　　图 1-12　　　图 1-13

旋转工具组：包括 2 个工具，即旋转工具和镜像工具，如图 1-14 所示。

比例缩放工具组：包括 3 个工具，即比例缩放工具、倾斜工具和整形工具，如图 1-15 所示。

宽度工具组：包括 8 个工具，即宽度工具、变形工具、旋转扭曲工具、缩拢工具、膨胀工具、扇贝工具、晶格化工具和皱褶工具，如图 1-16 所示。

		■ 🖌 宽度工具 (Shift+W)
■ ↻ 旋转工具 (R)	■ 🔲 比例缩放工具 (S)	🖌 变形工具 (Shift+R)
▷ 镜像工具 (O)	➚ 倾斜工具	🔄 旋转扭曲工具
	↘ 整形工具	🔘 缩拢工具
		◇ 膨胀工具
		▭ 扇贝工具
		✿ 晶格化工具
		〰 皱褶工具

图 1-14　　　　　图 1-15　　　　　图 1-16

形状生成器工具组：包括 3 个工具，即形状生成器工具、实时上色工具和实时上色选择工具，如图 1-17 所示。

透视网格工具组：包括 2 个工具，即透视网格工具和透视选区工具，如图 1-18 所示。

吸管工具组：包括 2 个工具，即吸管工具和度量工具，如图 1-19 所示。

■ 🖰 形状生成器工具 (Shift+M)	■ 🏢 透视网格工具 (Shift+P)	■ ⊘ 吸管工具 (I)
🎨 实时上色工具 (K)	▶ 透视选区工具 (Shift+V)	▭ 度量工具
⬜ 实时上色选择工具 (Shift+L)		

图 1-17　　　　　图 1-18　　　　　图 1-19

符号喷枪工具组：包括 8 个工具，即符号喷枪工具、符号移位器工具、符号紧缩器工具、符号缩放器工具、符号旋转器工具、符号着色器工具、符号滤色器工具和符号样式器工具，如图 1-20 所示。

柱形图工具组：包括 9 个工具，即柱形图工具、堆积柱形图工具、条形图工具、堆积条形图工具、折线图工具、面积图工具、散点图工具、饼图工具和雷达图工具，如图 1-21 所示。

切片工具组：包括 2 个工具，即切片工具和切片选择工具，如图 1-22 所示。

抓手工具组：包括 2 个工具，即抓手工具和打印拼贴工具，如图 1-23 所示。

图 1-20   图 1-21   图 1-22   图 1-23

1.1.3 工具属性栏

Illustrator CS6 的工具属性栏可以快捷应用与所选对象相关的选项，它根据所选工具和对象的不同来显示不同的选项，包括画笔、描边和样式等多个控制面板的功能。选择路径对象的锚点后，工具属性栏如图 1-24 所示。选择文字工具 T 后，工具属性栏如图 1-25 所示。

图 1-24

图 1-25

1.1.4 控制面板

Illustrator CS6 的控制面板位于工作界面的右侧，包括许多实用、快捷的工具和命令。随着 Illustrator CS6 功能的不断增强，控制面板也相应地不断改进，为用户绘制和编辑图像带来了更便捷的体验。控制面板以组的形式出现，图 1-26 所示是其中的一组控制面板。

按住"色板"控制面板的标题不放，如图 1-27 所示，向页面中拖曳，如图 1-28 所示，拖曳到控制面板组外时，释放鼠标，将形成独立的控制面板，如图 1-29 所示。

图 1-26   图 1-27

图 1-28

图 1-29

　　单击控制面板右上角的折叠为图标按钮 ◀◀ 和展开按钮 ▶▶ 可以折叠或展开控制面板，如图 1-30 所示。单击控制面板右下角的 ▦ 图标，并按住鼠标左键拖曳，可以放大或缩小控制面板。

　　绘制图形图像时，经常需要选择不同的选项和数值，可以通过控制面板直接操作。选择"窗口"菜单中的各个命令可以显示或隐藏控制面板，这样可省去反复选择命令或关闭窗口的麻烦。控制面板为设置数值和修改命令提供了一个方便、快捷的平台，使软件的交互性更强。

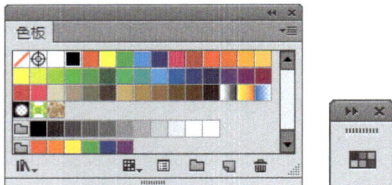

图 1-30

1.1.5　状态栏

　　状态栏位于工作界面的最下面，包括 4 个部分，如图 1-31 所示。第 1 部分的百分比表示当前文档的显示比例；第 2 部分是画板导航，可在画板间切换；第 3 部分显示当前使用的工具，当前的日期、时间，文件操作的还原次数及文档配置文件等；第 4 部分是右侧滚动条，当绘制的图像由于过大而不能完全显示时，可以通过拖曳滚动条浏览整个图像。

图 1-31

1.2　矢量图和位图

　　在 Illustrator 软件中，大致会应用两种图像，即位图与矢量图。

　　位图也叫点阵图，如图 1-32 所示，它是由许多单独的点组成的。这些点又称为像素，每个像素都有特定的位置和颜色值，位图的显示效果与像素是紧密联系在一起的，不同排列和着色的像素组合在一起，就组成了一幅色彩丰富的图像。像素越多，图像的分辨率越高，图像的文件量也就增大。

　　在 Illustrator CS6 中对位图进行编辑时，除了可以使用变形工具对位图进行变形处理外，还可以通过复制工具在画面上复制出相同的位图，制作更完美的作品。位图的优点是制作的图像色彩丰富；不足之处是文件占用空间太大，而且在放大时图像会失真，边缘会出现锯齿，模糊不清。

　　矢量图也叫向量图，如图 1-33 所示，它是一种基于数学方法的绘图方式。矢量图中的各种图形元素称为对象，每一个对象都是独立的个体，具有大小、颜色、形状和轮廓等属性。在移动对象和改变对象的属性时，可以保持对象原有的清晰度和弯曲度。矢量图是由一条条的直线或曲线构成的，在填充颜色时，会按照指定的颜色沿轮廓边缘进行着色。

图 1-32

图 1-33

　　矢量图的优点是文件占用空间较小，显示效果与分辨率无关，在缩放图形时，对象会保持原有的清晰度及弯曲度，颜色和形状不会发生任何偏差和变形，不会产生失真的现象；不足之处是不易制作色调丰富的图像，绘制出来的图形无法像位图那样精确地描绘各种绚丽的景象。

1.3　文件的基本操作

　　在制作平面设计作品前，需要掌握一些基本的文件操作方法。下面将介绍新建、打开、保存和关闭文件的方法。

1.3.1　新建文件

　　选择 "文件 > 新建"命令（快捷键为 Ctrl+N），弹出"新建文档"对话框，如图 1-34 所示。设置相应的选项后，单击"确定"按钮，即可建立一个新的文档。

　　"名称"选项：可以在选项中输入新建文件的名称，默认为"未标题 – 1"。

　　"配置文件"选项：可以选择不同的配置文件。

　　"画板数量"选项：可以设置页面中画板的数量。

　　按钮：用于设置画板的排列方法及排列方向。

　　"间距"选项：可以设置画板的间距。

　　"列数"选项：用于设置画板的列数。

　　"大小"选项：可以在下拉列表中选择系统预先设置的文件尺寸，也可以在下方的"宽度"和"高度"选项中自定义文件尺寸。

图 1-34

　　"宽度"和"高度"选项：用于设置文件的宽度和高度的数值。

　　"单位"选项：设置文件所采用的单位，默认为"毫米"。

　　"取向"选项：用于设置新建页面竖向或横向排列。

　　"出血"选项：用于设置页面的出血值。默认状态下，右侧为锁定状态 ，此时可同时设置出血值；单击右侧的按钮，使其处于解锁状态 ，可单独设置出血值。

　　"颜色模式"选项：用于设置新建文件的颜色模式。

"栅格效果"选项：用于设置文件的栅格效果。

"预览模式"选项：用于设置文件的预览模式。

模板(T)...按钮：单击该按钮会弹出"从模板新建"对话框，可以选择需要的模板来新建文件。

1.3.2　打开文件

选择　"文件 > 打开"命令（快捷键为 Ctrl+O），弹出"打开"对话框，如图 1-35 所示。在"查找范围"选项框中选择要打开的文件，单击"打开"按钮，即可打开选择的文件。

图 1-35

1.3.3　保存文件

当用户第一次保存文件时，选择　"文件 > 存储"命令（快捷键为 Ctrl+S），弹出"存储为"对话框，如图 1-36 所示，在对话框中输入要保存文件的名称，设置保存文件的路径和类型。设置完成后，单击"保存"按钮，即可保存文件。

当用户对图形文件进行编辑操作后需要保存时，选择"存储"命令，将不弹出"存储为"对话框，计算机会直接保存结果，并覆盖原文件。因此，在未确定要放弃原始文件之前，应慎用此命令。

若既想保留修改过的文件，又不想放弃原文件，则可以用"存储为"命令。选择　"文件 > 存储为"命令（快捷键为 Shift+Ctrl+S），弹出"存储为"对话框，在这个对话框中，可以为修改过的文件重新命名，并设置文件的路径和类型。设置完成后，单击"保存"按钮，可以保留原文件，修改过的文件被另存为一个新的文件。

图 1-36

1.3.4　关闭文件

选择　"文件 > 关闭"命令（快捷键为 Ctrl+W），如图 1-37 所示，可将当前文件关闭。"关闭"命令只有当有文件被打开时才呈现为可用状态。

也可单击绘图窗口右上角的 ⊠ 按钮来关闭文件。若当前文件被修改过或文件是新建的，那么在关闭文件的时候系统会弹出一个提示框，如图 1-38 所示。单击"是"按钮即可先保存文件再关闭文件，单击"否"按钮即不保存对文件的更改而直接关闭文件，单击"取消"按钮即取消关闭文件的操作。

图 1-37

图 1-38

1.4　图像的显示

在使用 Illustrator CS6 绘制和编辑图形图像的过程中，可以根据需要随时调整图形图像的显示模式和显示比例，以便对所绘制和编辑的图形图像进行观察和操作。

1.4.1　视图模式

Illustrator CS6 包括 4 种视图模式，即"预览""轮廓""叠印预览""像素预览"。绘制图像的时候，可根据需要选择不同的视图模式。

"预览"模式是系统默认的模式，图像显示效果如图 1-39 所示。

"轮廓"模式隐藏了图像的颜色信息，用线框轮廓来表现图像。这样在绘制图像时，可以根据需要，单独查看轮廓线，极大地提高了图像运算的速度，提高了工作效率。"轮廓"模式的图像显示效果如图 1-40 所示。如果当前图像为其他模式，选择 "视图 > 轮廓"命令（快捷键为 Ctrl+Y），可以切换到"轮廓"模式，再选择 "视图 >预览"命令（快捷键为 Ctrl+Y），可以切换到"预览"模式。

"叠印预览"模式可以显示接近油墨混合的效果，如图 1-41 所示。如果当前图像为其他模式，选择 "视图 > 叠印预览"命令（快捷键为 Alt+Shift+Ctrl+Y），可以切换到"叠印预览"模式。

"像素预览"模式可以将绘制的矢量图转换为位图显示，方便用户控制图像的精确度和尺寸等。当转换后的图像被放大后，会看见排列在一起的像素点，如图 1-42 所示。如果当前图像为其他模式，选择 "视图 > 像素预览"命令（快捷键为 Alt+Ctrl+Y），可以切换到"像素预览"模式。

图 1-39　　　　　图 1-40　　　　　图 1-41　　　　　图 1-42

1.4.2　适合窗口大小显示图像和显示图像的实际大小

1．适合窗口大小显示图像

绘制图像时，可以选择"适合窗口大小"命令来显示图像，这时图像会最大限度地显示在工作界面中并保持其完整性。

选择 "视图 > 画板适合窗口大小"命令（快捷键为 Ctrl+0），图像的显示效果如图 1-43 所示。双击抓手工具，也可以将图像调整为适合窗口大小显示。

2．显示图像的实际大小

选择"实际大小"命令可以将图像按 100% 的比例显示，这时可以对文件进行精确的编辑。

选择 "视图 > 实际大小"命令（快捷键为 Ctrl+1），图像的显示效果如图 1-44 所示。

图 1-43

图 1-44

1.4.3　放大显示图像

选择"视图 > 放大"命令（快捷键为 Ctrl++），每选择一次"放大"命令，页面内的图像就会被放大一级。例如，图像以 100% 的比例显示在屏幕上时，选择"放大"命令一次，则变成 150% 的比例显示，再选择一次，则变成 200%，放大的效果如图 1-45 所示。

使用缩放工具也可放大显示图像。选择缩放工具，在页面中鼠标指针会自动变为形状，每单击一次，图像就会放大一级。例如，图像以 100% 的比例显示在屏幕上，单击一次，则变成 150% 的比例显示，放大的效果如图 1-46 所示。

图 1-45

图 1-46

若要放大图像的局部区域，先选择缩放工具，然后把缩放工具定位在要放大的区域外，按住鼠标左键拖曳，画出矩形框框选所需的区域，如图 1-47 所示，然后释放鼠标，这个区域就会放大显示并填满图像窗口，如图 1-48 所示。

图 1-47

图 1-48

提示 正在使用其他工具时，若要切换到缩放工具，按 Ctrl+Space（空格）组合键即可。

　　使用状态栏也可放大显示图像。在状态栏的百分比数值框 100% 中直接输入需要放大的百分比数值，按 Enter 键即可执行放大操作。

　　还可使用"导航器"控制面板放大显示图像。单击面板右下角的"放大"按钮，可逐级放大图像。拖曳三角形滑块可以将图像自由放大。在左下角的百分比数值框中直接输入数值后，按 Enter 键也可以将图像放大，如图 1-49 所示。

图 1-49

1.4.4　缩小显示图像

　　选择"视图 > 缩小"命令，每选择一次"缩小"命令，页面内的图像就会被缩小一级（也可连续按 Ctrl+ −组合键），效果如图 1-50 所示。

图 1-50

　　使用缩小工具也可以缩小显示图像。选择缩放工具，在页面中鼠标指针会自动变为放大镜图标，按住 Alt 键，则页面中的图标变为缩小工具图标。按住 Alt 键不放，单击图像一次，图像就会缩小显示一级。

提示 正在使用其他工具时，若想切换到缩小工具，按 Alt+Ctrl+Space（空格）组合键即可。

　　使用状态栏也可缩小显示图像。在状态栏的百分比数值框 100% 中直接输入需要缩小的百分比数值，按 Enter 键即可执行缩小操作。

还可使用"导航器"控制面板缩小显示图像。单击面板左下角的"缩小"按钮 ，可逐级缩小图像。拖曳三角形滑块可以任意将图像缩小。在左下角的百分比数值框中直接输入数值后，按 Enter 键也可以将图像缩小。

1.4.5 全屏显示图像

全屏显示图像可以更好地观察图像的完整效果。

单击工具箱下方的屏幕模式转换按钮，可以在 3 种模式之间相互转换，即正常屏幕模式、带有菜单栏的全屏模式和全屏模式。反复按 F 键，也可切换屏幕显示模式。

正常屏幕模式：如图 1-51 所示，这种屏幕显示模式包括标题栏、菜单栏、工具箱、工具属性栏、控制面板和状态栏。

带有菜单栏的全屏模式：如图 1-52 所示，这种屏幕显示模式包括菜单栏、工具箱、工具属性栏和控制面板。

图 1-51   图 1-52

全屏模式：如图 1-53 所示，这种屏幕显示模式只显示页面和状态栏。按 Tab 键，可以调出菜单栏、工具箱、工具属性栏和控制面板，如图 1-54 所示。

图 1-53   图 1-54

1.4.6 图像窗口显示

当用户打开多个文件时，屏幕会出现多个图像文件窗口，这就需要对窗口进行布置和摆放。

打开多个图像文件后，将鼠标指针放在图像窗口的标题栏上，拖曳图像窗口到界面的任意位置，如图 1-55 所示。选择"窗口 > 层叠"或"窗口 > 平铺"命令，图像窗口的排列效果如图 1-56 和图 1-57 所示。

图 1-55

图 1-56   图 1-57

1.4.7　观察放大图像

选择缩放工具 🔍 ，当页面中鼠标指针变为 🔍 形状后，放大图像，图像周围会出现滚动条。选择抓手工具 ✋ ，当图像中鼠标指针变为 ✋ 形状时，在放大的图像中拖曳鼠标，可以观察图像的每个部分，如图 1-58 所示。还可直接拖曳图像周围的垂直和水平滚动条，观察图像的每个部分，如图 1-59 所示。

图 1-58   图 1-59

> **提示** 使用其他的工具进行操作时，按住 Space（空格）键，可以切换到抓手工具。

1.5 标尺、参考线和网格

Illustrator CS6 提供了标尺、参考线和网格等工具，利用这些工具可以对所绘制和编辑的图形图像进行精确定位，还可测量图形图像的准确尺寸。

1.5.1 标尺

选择"视图 > 标尺 > 显示标尺"命令（快捷键为 Ctrl+R），显示出标尺，如图 1-60 所示。如果要将标尺隐藏，选择"视图 > 标尺 > 隐藏标尺"命令（快捷键为 Ctrl+R）即可隐藏。

如果需要设置标尺的显示单位，选择"编辑 > 首选项 > 单位"命令，弹出"首选项"对话框，可以在"常规"下拉列表中设置标尺的显示单位，如图 1-61 所示。

图 1-60

图 1-61

如果仅需要为当前文件设置标尺的显示单位，则选择"文件 > 文档设置"命令，弹出"文档设置"对话框，如图 1-62 所示，可以在"单位"下拉列表中设置标尺的显示单位。用这种方法设置的标尺单位对以后新建立的文件标尺单位不起作用。

在系统默认的状态下，标尺的坐标原点在工作页面的左下角。如果想要更改坐标原点的位置，将水平标尺与垂直标尺的交点拖曳到页面中，释放鼠标，即可将坐标原点设置在此处。如果想要恢复标尺原点的默认位置，双击水平标尺与垂直标尺的交点即可。

1.5.2 参考线

在水平或垂直标尺上向页面中拖曳即可添加参考线在标尺的特定位置双击也可以创建参考线，还可根据需要将图形或路径转换为

图 1-62

参考线。选中要转换的路径，如图 1-63 所示，选择"视图 > 参考线 > 建立参考线"命令，可以将选中的路径转换为参考线，如图 1-64 所示。选择"视图 > 参考线 > 释放参考线"命令，可以将选中的参考线转换为路径。

图 1-63

图 1-64

技巧 按住 Shift 键在标尺上双击，创建的参考线会自动与标尺上最接近的刻度线对齐。

选择"视图 > 参考线 > 锁定参考线"命令，可以将参考线进行锁定。选择"视图 > 参考线 > 隐藏参考线"命令，可以将参考线隐藏。选择"视图 > 参考线 > 清除参考线"命令，可以清除参考线。

选择"视图 > 智能参考线"命令，可以显示智能参考线。当图形移动或旋转到一定角度时，智能参考线就会高亮显示并给出提示信息。

1.5.3 网格

选择"视图 > 显示网格"命令，可以显示出网格，如图 1-65 所示。选择"视图 > 隐藏网格"命令，可以将网格隐藏。选择"编辑 > 首选项 > 参考线和网格"命令，弹出"首选项"对话框，可以设置网格的颜色、样式和间隔等属性，如图 1-66 所示。

图 1-65

图 1-66

"颜色"选项：设置网格的颜色。

"样式"选项：设置网格的样式，包括线和点。

"网格线间隔"选项：设置网格线的间距。

"次分隔线"选项：用于细分网格线的数量。

"网格置后"选项：设置网格线显示在图形的上方或下方。

"显示像素网格（放大 600% 以上）"选项：当把图像放大到 600% 以上时，显示像素网格。

第2章

图形的绘制和编辑

本章介绍

本章将讲解 Illustrator CS6 中基本图形工具和手绘图形工具的使用方法，并详细讲解对象的编辑方法。认真学习本章的内容，读者可以掌握 Illustrator CS6 的绘图功能及编辑对象的方法，为进一步学习 Illustrator CS6 打好基础。

- -

学习目标

- 掌握绘制线条和网格的方法。
- 熟练掌握基本图形的绘制技巧。
- 掌握手绘工具的使用方法。
- 熟练掌握对象的编辑技巧。

- -

技能目标

- 掌握"钻石图标"的绘制方法。
- 掌握"标牌"的绘制方法。
- 掌握"动物挂牌"的绘制方法。

2.1 线条和网格的绘制

在平面设计中，直线和弧线是经常使用的线型。使用直线段工具 ✐ 和弧形工具 ◠ 可以创建任意的直线和弧线，对直线和弧线进行编辑和变形，可以得到更多复杂的图形对象。在设计制作时，还会应用到各种网格，如矩形网格和极坐标网格。下面将详细讲解这些工具的使用方法。

2.1.1 绘制直线

1．拖曳鼠标绘制直线

选择直线段工具 ✐，在页面中需要的位置按住鼠标左键不放，拖曳鼠标到需要的位置，释放鼠标，可以绘制出一条任意角度的斜线，效果如图 2-1 所示。

选择直线段工具 ✐，按住 Shift 键，在页面中需要的位置按住鼠标左键不放，拖曳鼠标到需要的位置，释放鼠标，可以绘制出水平、垂直或 45° 角及其倍数的直线，效果如图 2-2 所示。

选择直线段工具 ✐，按住 Alt 键，在页面中需要的位置按住鼠标左键不放，拖曳鼠标到需要的位置，释放鼠标，可以绘制出以鼠标单击点为中心的直线（由单击点向两边扩展）。

选择直线段工具 ✐，按住 ~ 键，在页面中需要的位置按住鼠标左键不放，拖曳鼠标到需要的位置，释放鼠标，可以绘制出多条直线（系统自动设置），效果如图 2-3 所示。

2．精确绘制线段

选择直线段工具 ✐，在页面中需要的位置单击鼠标，或双击直线段工具 ✐，都将弹出"直线段工具选项"对话框，如图 2-4 所示。在对话框中，"长度"选项可以设置线段的长度，"角度"选项可以设置线段的倾斜度，勾选"线段填色"复选框可以填充线段组成的图形。设置完成后，单击"确定"按钮，得到如图 2-5 所示的线段。

图 2-1　　　　图 2-2　　　　图 2-3　　　　图 2-4　　　　图 2-5

2.1.2 绘制弧线

1．拖曳鼠标绘制弧线

选择弧形工具 ◠，在页面中需要的位置按住鼠标左键不放，拖曳鼠标到需要的位置，释放鼠标，可以绘制出一段弧线，效果如图 2-6 所示。

选择弧形工具 ◠，按住 Shift 键，在页面中需要的位置按住鼠标左键不放，拖曳鼠标到需要的位置，释放鼠标，可以绘制出在水平和垂直方向上长度相等的弧线，效果如图 2-7 所示。

选择弧形工具 ⌐，按住 ~ 键，在页面中需要的位置按住鼠标左键不放，拖曳鼠标到需要的位置，释放鼠标，可以绘制出多条弧线，效果如图 2-8 所示。

图 2-6   图 2-7   图 2-8

2. 精确绘制弧线

选择弧形工具 ⌐，在页面中需要的位置单击鼠标，或双击弧形工具 ⌐，都将弹出"弧线段工具选项"对话框，如图 2-9 所示。在对话框中，"X 轴长度"选项可以设置弧线水平方向的长度，"Y 轴长度"选项可以设置弧线垂直方向的长度，"类型"选项可以设置弧线的类型，"基线轴"选项可以选择坐标轴，勾选"弧线填色"复选框可以填充弧线。设置完成后，单击"确定"按钮，得到如图 2-10 所示的弧形。输入不同的数值，会得到不同的弧形，效果如图 2-11 所示。

图 2-9   图 2-10   图 2-11

2.1.3　绘制螺旋线

1. 拖曳鼠标绘制螺旋线

选择螺旋线工具 ◎，在页面中需要的位置按住鼠标左键不放，拖曳鼠标到需要的位置，释放鼠标，可以绘制出螺旋线，如图 2-12 所示。

选择螺旋线工具 ◎，按住 Shift 键，在页面中需要的位置按住鼠标左键不放，拖曳鼠标到需要的位置，释放鼠标，可以绘制出螺旋线，绘制的螺旋线转动的角度将是强制角度（默认设置是 45°）的整倍数。

选择螺旋线工具 ◎，按住 ~ 键，在页面中需要的位置按住鼠标左键不放，拖曳鼠标到需要的位置，释放鼠标，可以绘制出多条螺旋线，效果如图 2-13 所示。

2. 精确绘制螺旋线

选择螺旋线工具 ◎，在页面中需要的位置单击，弹出"螺旋线"对话框，如图 2-14 所示。在对话框中，"半径"选项可以设置螺旋线的半径，螺旋线的半径指的是从螺旋线的中心点到螺旋线终点之间的距离；"衰减"选项可以设置螺旋形内部线条之间的螺旋圈数；"段数"选项可以设置螺旋线的螺旋段数；"样式"单选项按钮用来设置螺旋线的旋转方向。设置完成后，单击"确定"按钮，得到图 2-15 所示的螺旋线。

图 2-12 　　　　　图 2-13 　　　　　图 2-14 　　　　　图 2-15

2.1.4　绘制矩形网格

1.拖曳鼠标绘制矩形网格

选择矩形网格工具▦，在页面中需要的位置按住鼠标左键不放，拖曳鼠标到需要的位置，释放鼠标，可以绘制出一个矩形网格，效果如图 2-15 所示。

选择矩形网格工具▦，按住 Shift 键，在页面中需要的位置按住鼠标左键不放，拖曳鼠标到需要的位置，释放鼠标，可以绘制出一个正方形网格，效果如图 2-17 所示。

选择矩形网格工具▦，按住 ~ 键，在页面中需要的位置按住鼠标左键不放，拖曳鼠标到需要的位置，释放鼠标，可以绘制出多个矩形网格，效果如图 2-18 所示。

> **提示**　选择矩形网格工具▦，在页面中需要的位置按住鼠标左键不放，拖曳鼠标到需要的位置，再按住键盘上方向键中的↑键，可以增加矩形网格的行数。如果按住键盘上方向键中的↓键，则可以减少矩形网格的行数。此方法在极坐标网格工具◉、多边形工具⬤、星形工具★中同样适用。

图 2-16 　　　　　　　图 2-17 　　　　　　　图 2-18

2.精确绘制矩形网格

选择矩形网格工具▦，在页面中需要的位置单击，弹出"矩形网格工具选项"对话框，如图 2-19 所示。在对话框的"默认大小"选项组中，"宽度"选项可以设置矩形网格的宽度，"高度"选项可以设置矩形网格的高度；在"水平分隔线"选项组中，"数量"选项可以设置矩形网格中水平网格线的数量，"倾斜（下方/上方）"选项可以设置水平网格的倾向；在"垂直分隔线"选项组中，"数量"选项可以设置矩形网格中垂直网格线的数量，"倾斜（左方/右方）"选项可以设置垂直网格的倾向。设置完成后，单击"确定"按钮，得到图 2-20 所示的矩形网格。

图 2-19　　　　　　　　　　　　　　　　　图 2-20

2.1.5　绘制极坐标网格

1．拖曳鼠标绘制极坐标网格

选择极坐标网格工具，在页面中需要的位置按住鼠标左键不放，拖曳鼠标到需要的位置，释放鼠标，可以绘制出一个极坐标网格，效果如图 2-21 所示。

选择极坐标网格工具，按住 Shift 键，在页面中需要的位置按住鼠标左键不放，拖曳鼠标到需要的位置，释放鼠标，可以绘制出一个圆形极坐标网格，效果如图 2-22 所示。

选择极坐标网格工具，按住 ~ 键，在页面中需要的位置按住鼠标左键不放，拖曳鼠标到需要的位置，释放鼠标，可以绘制出多个极坐标网格，效果如图 2-23 所示。

图 2-21　　　　　　　图 2-22　　　　　　　图 2-23

2．精确绘制极坐标网格

选择极坐标网格工具，在页面中需要的位置单击，弹出"极坐标网格工具选项"对话框，如图 2-24 所示。在对话框的"默认大小"选项组中，"宽度"选项可以设置极坐标网格图形的宽度，"高度"选项可以设置极坐标网格图形的高度；在"同心圆分隔线"选项组中，"数量"选项可以设置极坐标网格图形中同心圆的数量，"倾斜（内/外）"选项可以设置极坐标网格图形的排列倾向；在"径向分隔线"选项组中，"数量"选项可以设置极坐标网格图形中射线的数量，"倾斜（下方/上方）"选项可以设置极坐标网格图形的排列倾向。设置完成后，单击"确定"按钮，得到图 2-25 所示的极坐标网格。

图 2-24

图 2-25

2.2　基本图形的绘制

矩形、圆形、多边形和星形是最简单、最基本，也是最重要的图形。在 Illustrator CS6 中，矩形工具、圆角矩形工具、椭圆工具、多边形工具和星形工具的使用方法比较类似。使用这些工具可以很方便地在绘图页面上绘制出各种形状，还能够通过设置相应的参数精确绘制图形。

功能介绍

矩形工具：用于绘制矩形与圆角矩形。

椭圆工具：用于绘制椭圆形与圆形。

多边形工具：用于绘制多边形。

星形工具：用于绘制星形。

2.2.1　课堂案例——绘制钻石图标

【案例学习目标】使用基本图形工具绘制钻石图标。

【案例知识要点】使用矩形工具、椭圆工具、多边形工具和钢笔工具绘制图形，效果如图 2-26 所示。

【效果所在位置】Ch02\效果\绘制钻石图标.ai。

图 2-26

（1）按 Ctrl+N 组合键，新建一个文档，设置文档的宽度为 100mm，高度为 100mm，取向为竖向，颜色模式为 CMYK。

（2）选择矩形工具 ▣，在页面中适当的位置绘制一个矩形，设置图形填充色为深紫色（其 C、M、Y、K 的值分别为 85、85、40、5），填充图形，并设置描边色为无，效果如图 2-27 所示。

（3）选择椭圆工具 ⬭，按住 Shift 键的同时，在适当的位置绘制一个圆形，设置图形填充色为紫色（其 C、M、Y、K 的值分别为 51、72、0、0），填充图形，并设置描边色为无，效果如图 2-28 所示。

图 2-27　　　　　　图 2-28

（4）选择钢笔工具 ✐，在适当的位置绘制图形，设置图形填充色为浅蓝色（其 C、M、Y、K 的值分别为 49、0、11、0），填充图形，并设置描边色为无，效果如图 2-29 所示。

（5）选择多边形工具 ⬡，在页面中单击，弹出"多边形"对话框，选项的设置如图 2-30 所示，单击"确定"按钮，得到一个三角形，并将其拖曳到适当的位置。设置图形填充色为蓝色（其 C、M、Y、K 的值分别为 66、0、4、0），填充图形，并设置描边色为无，效果如图 2-31 所示。

图 2-29　　　　　　图 2-30　　　　　　图 2-31

（6）选择直接选择工具 ▸，单击选中三角形右下方的锚点，如图 2-32 所示。按住 Shift 键的同时，水平向左拖曳锚点到适当的位置，如图 2-33 所示。单击选中三角形左下方的锚点，如图 2-34 所示。按住 Shift 键的同时，垂直向上拖曳锚点到适当的位置，如图 2-35 所示。

图 2-32　　　　图 2-33　　　　图 2-34　　　　图 2-35

（7）选择钢笔工具 ✐，在适当的位置绘制一个图形。设置图形填充色为深蓝色（其 C、M、Y、K 的值分别为 68、7、0、0），填充图形，并设置描边色为无，效果如图 2-36 所示。

（8）选择钢笔工具 ✐，在适当的位置再绘制一个图形。设置图形填充色为蓝色（其 C、M、Y、K 的值分别为 66、0、4、0），填充图形，并设置描边色为无，效果如图 2-37 所示。

（9）选择选择工具，按住 Shift 键的同时，分别单击所绘制的图形，将多个图形同时选取，按 Ctrl+G 组合键，将多个图形编组，效果如图 2-38 所示。按住 Shift+Alt 组合键的同时，拖曳选取的图形到适当的位置，复制图形，效果如图 2-39 所示。

| 图 2-36 | 图 2-37 | 图 2-38 | 图 2-39 |

（10）双击镜像工具，弹出"镜像"对话框，选项的设置如图 2-40 所示，单击"确定"按钮，效果如图 2-41 所示。

（11）选择星形工具，在页面中单击，弹出"星形"对话框，选项的设置如图 2-42 所示，单击"确定"按钮，得到一个四角星形并将其拖曳到适当的位置。设置图形填充色为浅蓝色（其 C、M、Y、K 的值分别为 24、0、3、0），填充图形，并设置描边色为无，效果如图 2-43 所示。

| 图 2-40 | 图 2-41 | 图 2-42 | 图 2-43 |

（12）选择选择工具，按住 Alt 键的同时，拖曳选取的图形到适当的位置，复制图形，效果如图 2-44 所示。按住 Shift+Alt 组合键的同时，拖曳图形右下方的控制手柄到适当的位置，等比例缩小图形，效果如图 2-45 所示。用相同的方法再复制 2 个图形并调整其大小，效果如图 2-46 所示。钻石图标绘制完成，效果如图 2-47 所示。

| 图 2-44 | 图 2-45 | 图 2-46 | 图 2-47 |

2.2.2 绘制矩形和圆角矩形

1. 拖曳鼠标绘制矩形

选择矩形工具，在页面中需要的位置按住鼠标左键不放，拖曳鼠标到需要的位置，释放鼠标，可以绘制出一个矩形，效果如图 2-48 所示。

选择矩形工具▣，按住 Shift 键，在页面中需要的位置按住鼠标左键不放，拖曳鼠标到需要的位置，释放鼠标，可以绘制出一个正方形，效果如图 2-49 所示。

选择矩形工具▣，按住 ~ 键，在页面中需要的位置按住鼠标左键不放，拖曳鼠标到需要的位置，释放鼠标，可以绘制出多个矩形，效果如图 2-50 所示。

2．精确绘制矩形

选择矩形工具▣，在页面中需要的位置单击，弹出"矩形"对话框，如图 2-51 所示。在对话框中，"宽度"选项可以设置矩形的宽度，"高度"选项可以设置矩形的高度。设置完成后，单击"确定"按钮，得到图 2-52 所示的矩形。

图 2-48　　　　　图 2-49　　　　　图 2-50　　　　　图 2-51　　　　　图 2-52

提示　选择矩形工具▣，按住 Alt 键，在页面中需要的位置按住鼠标左键不放，拖曳鼠标到需要的位置，释放鼠标，可以绘制一个以鼠标单击点为中心的矩形。

选择矩形工具▣，按住 Alt+Shift 组合键，在页面中需要的位置按住鼠标左键不放，拖曳鼠标到需要的位置，释放鼠标，可以绘制一个以鼠标单击点为中心的正方形。

选择矩形工具▣，在页面中需要的位置按住鼠标左键不放，拖曳鼠标到需要的位置，再按住 Space 键，可以暂停绘制工作而在页面上任意移动未绘制完成的矩形，释放 Space 键后可继续绘制矩形。

上述方法在圆角矩形工具▣、椭圆工具◉、多边形工具⬡、星形工具★中同样适用。

3．拖曳鼠标绘制圆角矩形

选择圆角矩形工具▣，在页面中需要的位置按住鼠标左键不放，拖曳鼠标到需要的位置，释放鼠标，可以绘制出一个圆角矩形，效果如图 2-53 所示。

选择圆角矩形工具▣，按住 Shift 键，在页面中需要的位置按住鼠标左键不放，拖曳鼠标到需要的位置，释放鼠标，可以绘制一个宽度和高度相等的圆角矩形，效果如图 2-54 所示。

选择圆角矩形工具▣，按住 ~ 键，在页面中需要的位置按住鼠标左键不放，拖曳鼠标到需要的位置，释放鼠标，可以绘制出多个圆角矩形，效果如图 2-55 所示。

4．精确绘制圆角矩形

选择圆角矩形工具▣，在页面中需要的位置单击，弹出"圆角矩形"对话框，如图 2-56 所示。在对话框中，"宽度"选项可以设置圆角矩形的宽度，"高度"选项可以设置圆角矩形的高度，"圆角半径"选项可以控制圆角矩形中圆角半径的长度。设置完成后，单击"确定"按钮，得到图 2-57 所示的圆角矩形。

图 2-53　　　　　图 2-54　　　　　图 2-55　　　　　图 2-56　　　　　图 2-57

2.2.3　绘制椭圆形和圆形

1．拖曳鼠标绘制椭圆形

选择椭圆工具，在页面中需要的位置按住鼠标左键不放，拖曳鼠标到需要的位置，释放鼠标，可以绘制出一个椭圆形，如图 2-58 所示。

选择椭圆工具，按住 Shift 键，在页面中需要的位置按住鼠标左键不放，拖曳鼠标到需要的位置，释放鼠标，可以绘制出一个圆形，效果如图 2-59 所示。

选择椭圆工具，按住 ~ 键，在页面中需要的位置按住鼠标左键不放，拖曳鼠标到需要的位置，释放鼠标，可以绘制多个椭圆形，效果如图 2-60 所示。

2．精确绘制椭圆形

选择椭圆工具，在页面中需要的位置单击，弹出"椭圆"对话框，如图 2-61 所示。在对话框中，"宽度"选项可以设置椭圆形的宽度，"高度"选项可以设置椭圆形的高度。设置完成后，单击"确定"按钮，得到图 2-62 所示的椭圆形。

图 2-58　　　　　图 2-59　　　　　图 2-60　　　　　图 2-61　　　　　图 2-62

2.2.4　绘制多边形

1．拖曳鼠标绘制多边形

选择多边形工具，在页面中需要的位置按住鼠标左键不放，拖曳鼠标到需要的位置，释放鼠标，可以绘制出一个多边形，如图 2-63 所示。

选择多边形工具，按住 Shift 键，在页面中需要的位置按住鼠标左键不放，拖曳鼠标到需要的位置，释放鼠标，可以绘制出一个无角度的正多边形，效果如图 2-64 所示。

选择多边形工具，按住 ~ 键，在页面中需要的位置按住鼠标左键不放，拖曳鼠标到需要的位置，释放鼠标，可以绘制出多个多边形，效果如图 2-65 所示。

2．精确绘制多边形

选择多边形工具，在页面中需要的位置单击，弹出"多边形"对话框，如图 2-66 所示。在对话框中，"半径"选项可以设置多边形的半径。半径指的是从多边形中心点到多边形顶点的距离，而中心点一般为多边形的重心；"边数"选项可以设置多边形的边数。设置完成后，单击"确定"按钮，得到图 2-67 所示的多边形。

图 2-63　　　　　　图 2-64　　　　　　图 2-65　　　　　　图 2-66　　　　　　图 2-67

2.2.5　绘制星形

1．拖曳鼠标绘制星形

选择星形工具 ，在页面中需要的位置按住鼠标左键不放，拖曳鼠标到需要的位置，释放鼠标，可以绘制出一个星形，效果如图 2-68 所示。

选择星形工具 ，按住 Shift 键，在页面中需要的位置按住鼠标左键不放，拖曳鼠标到需要的位置，释放鼠标，可以绘制出一个无角度的正星形，效果如图 2-69 所示。

选择星形工具 ，按住 ~ 键，在页面中需要的位置按住鼠标左键不放，拖曳鼠标到需要的位置，释放鼠标，可以绘制出多个星形，效果如图 2-70 所示。

2．精确绘制星形

选择星形工具 ，在页面中需要的位置单击，弹出"星形"对话框，如图 2-71 所示。在对话框中，"半径 1"选项可以设置从星形中心点到各外部角的顶点的距离，"半径 2"选项可以设置从星形中心点到各内部角的顶点的距离，"角点数"选项可以设置星形中的边角数量。设置完成后，单击"确定"按钮，得到图 2-72 所示的星形。

图 2-68　　　　　　图 2-69　　　　　　图 2-70　　　　　　图 2-71　　　　　　图 2-72

2.2.6　绘制光晕形

应用光晕工具可以绘制出镜头光晕的效果。绘制出的图形中包括一个明亮的发光点，以及光晕、光线和光环等对象，通过调节中心控制点和末端控制柄的位置，可以改变光线的方向。光晕形的组成部分如图 2-73 所示。

1．拖曳鼠标绘制光晕形

选择光晕工具 ，在页面中需要的位置按住鼠标左键不放，拖曳鼠标到需要的位置，如图 2-74

图 2-73

所示，释放鼠标，然后在其他需要的位置再次拖曳鼠标，如图 2-75 所示，释放鼠标，可以绘制出一个光晕形，如图 2-76 所示，取消选取后的光晕形效果如图 2-77 所示。

  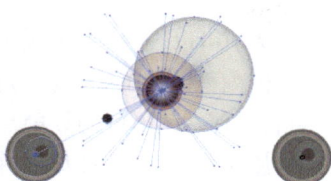

图 2-74　　　　　　图 2-75　　　　　　图 2-76　　　　　　图 2-77

技巧　在光晕保持不变时，不释放鼠标，按住 Shift 键后再次拖曳鼠标，中心控制点、光线和光晕会随鼠标拖曳按比例缩放；按住 Ctrl 键后再次拖曳鼠标，中心控制点的大小保持不变，而光线和光晕会随鼠标拖曳按比例缩放；同时按住键盘上方向键中的↑键，可以逐渐增加光线的数量；按住键盘上方向键中的↓键，则可以逐渐减少光线的数量。

下面介绍如何调节中心控制点和末端控制手柄之间的距离，以及光环的数量。

在绘制出的光晕形保持不变时，如图 2-73 所示，把鼠标指针移动到末端控制柄上，当鼠标指针变成✛形状时，拖曳鼠标调整中心控制点和末端控制柄之间的距离，如图 2-79 所示。

在绘制出的光晕形保持不变时，如图 2-80 所示，把鼠标指针移动到末端控制柄上，当鼠标指针变成✛形状时拖曳鼠标，按住 Ctrl 键后再次拖曳鼠标，可以单独更改终止位置光环的大小，如图 2-81 所示。

图 2-78　　　　　　图 2-79　　　　　　图 2-80　　　　　　图 2-81

在绘制出的光晕形保持不变时，如图 2-82 所示，把鼠标指针移动到末端控制柄上，当鼠标指针变成✛形状时拖曳鼠标，按住 ~ 键，可以重新随机排列光环的位置，如图 2-83 所示。

图 2-82　　　　　　　　图 2-83

2. 精确绘制光晕形

选择光晕工具，在页面中需要的位置单击，或双击光晕工具，弹出"光晕工具选项"对话框，如图 2-84 所示。

在对话框的"居中"选项组中，"直径"选项可以设置中心控制点直径的大小，"不透明度"选项可以设置中心控制点的不透明度，"亮度"选项可以设置中心控制点的亮度。在"光晕"选项组中，"增大"选项可以设置光晕围绕中心控制点的辐射程度，"模糊度"选项可以设置光晕在图形中的模糊程度。在"射线"选项组中，"数量"选项可以设置光线的数量，"最长"选项可以设置光线的长度，"模糊度"选项可以设置光线在图形中的模糊程度。在"环形"选项组中，"路径"选项可以设置光环所在路径的长度值，"数量"选项可以设置光环在图形中的数量，"最大"选项可以设置光环的大小比例，"方向"选项可以设置光环在图形中的旋转角度，还可以通过右边的角度控制按钮调节光环的角度。设置完成后，单击"确定"按钮，得到图 2-85 所示的光晕形。

图 2-84

图 2-85

2.3　手绘图形

Illustrator CS6 提供了铅笔工具和画笔工具，供用户绘制各种图形和路径，还提供了平滑工具和路径橡皮擦工具供用户修饰绘制的图形和路径。

功能介绍

画笔命令：可以为路径添加不同风格的外边装饰。可以将画笔描边应用于现有的路径，也可以使用画笔工具绘制路径，并在绘制的同时应用画笔描边。

2.3.1　课堂案例——绘制标牌

【案例学习目标】使用绘图工具、新建画笔命令绘制标牌。

【案例知识要点】使用星形工具绘制星形，使用新建画笔命令新建画笔，使用文字工具输入文字，效果如图 2-86 所示。

【效果所在位置】Ch02\效果\绘制标牌.ai。

图 2-86

1. 定义新画笔

（1）按 Ctrl+N 组合键，新建一个文档，设置文档的宽度为 210mm，高度为 156mm，取向为横向，颜色模式为 CMYK。

（2）选择星形工具，按住 Shift 键的同时，在页面中绘制一个星形，如图 2-87 所示。选择选择

工具 ![]，选取星形，按住 Alt 键的同时，选中星形向外拖曳，复制出 3 个星形，将星形缩小并改变其角度，效果如图 2-88 所示。

（3）选择选择工具 ![]，使用圈选的方法将星形同时选取，按 Ctrl+G 组合键，将其编组，效果如图 2-89 所示。设置图形填充色为绿色（其 C、M、Y、K 的值分别为 100、25、100、25），填充图形，并设置描边色为白色，在属性栏中将"描边粗细"选项设为 1pt，按 Enter 键，效果如图 2-90 所示。

图 2-87　　　　　　　　图 2-88　　　　　　　　图 2-89　　　　　　　　图 2-90

（4）选择选择工具 ![]，选取星形，选择"窗口 > 画笔"命令，弹出"画笔"控制面板，单击面板下方的"新建画笔"按钮 ![]，如图 2-91 所示，弹出"新建画笔"对话框，选择"图案画笔"选项，如图 2-92 所示，单击"确定"按钮，弹出"图案画笔选项"对话框，如图 2-93 所示，单击"确定"按钮，选取的星形被定义为画笔，如图 2-94 所示。

图 2-91

图 2-92　　　　　　　　图 2-93　　　　　　　　图 2-94

2. 绘制标牌并添加文字

（1）选择圆角矩形工具 ![]，在页面中绘制一个圆角矩形，效果如图 2-95 所示。选择选择工具 ![]，选取图形，在"画笔"控制面板中选择设置的新画笔，如图 2-96 所示，用画笔为图形描边，效果如图 2-97 所示。在属性栏中将"描边粗细"选项设为 0.5pt，按 Enter 键，效果如图 2-98 所示。

图 2-95　　　　　　　　　　　图 2-96

图 2-97　　　　　　　　　　　　　　　　图 2-98

（2）选择圆角矩形工具 �），在页面中绘制一个圆角矩形，设置图形填充色为洋红色（其 C、M、Y、K 的值分别为 0、100、0、0），填充图形，并设置描边色为无，效果如图 2-99 所示。选择文字工具 T，在圆角矩形中输入需要的文字，选择选择工具 ↖，在属性栏中选择合适的字体并设置文字大小，效果如图 2-100 所示。

图 2-99　　　　　　　　　　　　　　　　图 2-100

（3）按 Ctrl+O 组合键，打开本书学习资源中的"Ch02 > 素材 > 绘制标牌 > 01"文件，按 Ctrl+A 组合键，全选图形，复制并将其粘贴到正在编辑的页面中，选择选择工具 ↖，选取图形并将其拖曳到适当的位置，如图 2-101 所示，填充图形为白色，如图 2-102 所示。

图 2-101　　　　　　　　　　　　　　　　图 2-102

（4）按 Ctrl+O 组合键，打开本书学习资源中的"Ch02 > 素材 > 绘制标牌 > 02"文件，按 Ctrl+A 组合键，全选图形，复制并将其粘贴到正在编辑的页面中，然后拖曳到适当的位置，如图 2-103 所示。按 Shift+Ctrl+[组合键，将其置于底层，效果如图 2-104 所示。标牌绘制完成。

图 2-103　　　　　　　　　　　　　　　　图 2-104

2.3.2　画笔工具

使用画笔工具可以绘制出样式繁多的线条和图形，还可以通过选择不同的笔刷实现不同的绘制效果。

选择画笔工具 ，选择"窗口 > 画笔'命令，弹出"画笔"控制面板，如图 2-105 所示。在控制面板中选择任意一种画笔样式，在页面中需要的位置按住鼠标左键不放，向右拖曳鼠标进行线条的绘制，释放鼠标，线条绘制完成，如图 2-106 所示。

图 2-105

图 2-106

选取绘制的线条，如图 2-107 所示，选择"窗口 > 描边"命令，弹出"描边"控制面板，在控制面板的"粗细"选项中选择或设置需要的描边大小，如图 2-108 所示，线条的效果如图 2-109 所示。

图 2-107　　　　　　　图 2-108　　　　　　　图 2-109

双击画笔工具 ，弹出"画笔工具选项"对话框，如图 2-110 所示。在对话框的"容差"选项组中，"保真度"选项可以调节绘制曲线上点的精确度，"平滑度"选项可以调节绘制曲线的平滑度。在"选项"选项组中，勾选"填充新画笔描边"复选框，则每次使用画笔工具绘制图形时，系统都会自动以默认颜色来填充对象；勾选"保持选定"复选框，绘制的曲线处于被先取状态；勾选"编辑所选路径"复选框，可以对选中的路径进行编辑。

图 2-110

2.3.3　"画笔"控制面板

选择"窗口 > 画笔"命令，弹出"画笔"控制面板。下面详细讲解"画笔"控制面板。

1. 画笔类型

Illustrator CS6 包括 5 种类型的画笔，即散点画笔、书法画笔、毛刷画笔、图案画笔和艺术画笔。

（1）散点画笔。

单击"画笔"控制面板右上角的图标，将弹出其下拉菜单，在系统默认状态下，"显示散点画笔"命令为灰色，选择"打开画笔库"命令，弹出其子菜单，如图 2-111 所示。在弹出的菜单中选择任意一种散点画笔，弹出相应的控制面板，如图 2-112 所示。在控制面板中单击画笔，可以将画笔加载到"画笔"控制面板中，如图 2-113 所示。选择任意一种散点画笔，再选择画笔工具，在页面上连续单击或拖曳鼠标，就可以绘制出需要的图像，效果如图 2-114 所示。

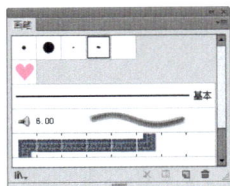

| 图 2-111 | 图 2-112 | 图 2-113 | 图 2-114 |

（2）书法画笔。

在系统默认状态下，书法画笔为显示状态，"画笔"控制面板的第 1 排为书法画笔，如图 2-115 所示。选择任意一种书法画笔，选择画笔工具，在页面中需要的位置按住鼠标左键不放，拖曳鼠标进行线条的绘制，释放鼠标，线条绘制完成，效果如图 2-116 所示。

（3）毛刷画笔。

在系统默认状态下，毛刷画笔为显示状态，"画笔"控制面板的第 3 排为毛刷画笔，如图 2-117 所示。选择画笔工具，在页面中需要的位置按住鼠标左键不放，拖曳鼠标进行线条的绘制，释放鼠标，线条绘制完成，效果如图 2-118 所示。

| 图 2-115 | 图 2-116 | 图 2-117 | 图 2-118 |

（4）图案画笔。

单击"画笔"控制面板右上角的图标，将弹出其下拉菜单，选择"打开画笔库"命令，在弹出的菜单中选择任意一种图案画笔，弹出相应的控制面板，如图 2-119 所示。在控制面板中单击画笔，可以将画笔加载到"画笔"控制面板中，如图 2-120 所示。选择任意一种图案画笔，再选择画笔工具，在页面上连续单击或拖曳鼠标，就可以绘制出需要的图像，效果如图 2-121 所示。

| 图 2-119 | 图 2-120 | 图 2-121 |

（5）艺术画笔。

在系统默认状态下，艺术画笔为显示状态，"画笔"控制面板的最后一排为艺术画笔，如图 2-122 所示。选择任意一种艺术画笔，选择画笔工具 ，在页面中需要的位置按住鼠标左键不放，拖曳鼠标进行线条的绘制，释放鼠标，线条绘制完成，效果如图 2-123 所示。

图 2-122   图 2-123

2. 更改画笔类型

选中想要更改画笔类型的图像，如图 2-124 所示，在"画笔"控制面板中单击需要的画笔样式，如图 2-125 所示，更改画笔类型后的图像效果如图 2-126 所示。

图 2-124   图 2-125   图 2-126

3. "画笔"控制面板的按钮

"画笔"控制面板下面有 4 个按钮。从左到右依次是"移去画笔描边"按钮 、"所选对象的选项"按钮 、"新建画笔"按钮 和"删除画笔'按钮 。

"移去画笔描边"按钮 ：可以将当前被选中的图形上的描边删除，只留下原始路径。

"所选对象的选项"按钮 ：可以打开应用到被选中图形上的画笔的选项对话框，在对话框中可以编辑画笔。

"新建画笔"按钮 ：可以创建新的画笔。

"删除画笔"按钮 ：可以删除选定的画笔样式。

4. "画笔"控制面板的下拉菜单

单击"画笔"控制面板右上角的 图标，弹出其下拉菜单，如图 2-127 所示。

"新建画笔"命令、"删除画笔"命令、"移去画笔描边"命令和"所选对象的选项"命令与相应的按钮功能是一样的。"复制画笔"命令可以复制选定的画笔。"选择所有未使用的画笔"命令可以选中当前文档中还没有使用过的所有画笔。"列表视图"命令可以将所有的画笔类型以列表的方式按照名称顺序排列，在显示小图标的同时还可以显示画笔的种类，如图 2-128 所示。"画笔选项"命令可以打开相关的选项对话框对画笔进行编辑。

图 2-127

图 2-128

5．编辑画笔

Illustrator CS6 提供了对画笔编辑的功能，如改变画笔的外观、大小、颜色、角度及箭头方向等。画笔类型不同，编辑的参数也有所不同。

选中"画笔"控制面板中需要编辑的画笔，如图 2-129 所示。单击控制面板右上角的▼▤图标，在弹出的菜单中选择"画笔选项"命令，弹出"散点画笔选项"对话框，如图 2-130 所示。对话框中的"名称"选项可以设定画笔的名称；"大小"选项可以设定画笔图案与原图案之间比例大小的范围；"间距"选项可以设定画笔工具✏️在绘图时，沿路径分布的图案之间的距离；"分布"选项可以设定路径两侧分布的图案之间的距离；"旋转"选项可以设定各个画笔图案的旋转角度；"旋转相对于"选项可以设定画笔图案是相对于"页面"还是相对于"路径"来旋转；"着色"选项组中的"方法"选项可以设置着色的方法；"主色"选项后的吸管工具可以选择颜色，其后的色块即是所选择的颜色；单击"提示"按钮💡，可以弹出"着色提示"对话框，如图 2-131 所示。设置完成后，单击"确定"按钮，即可完成画笔的编辑。

图 2-129

图 2-130

图 2-131

6．自定义画笔

Illustrator CS6 除了可以利用系统预设的画笔类型和编辑已有的画笔外，还可以使用自定义的画笔。不同类型的画笔，定义的方法类似。如果新建散点画笔，那么作为散点画笔的图形对象中就不能包含图案、渐变填充等属性；如果新建书法画笔和艺术画笔，就不需要事先制作图案，在其相应的画笔选项对话框中进行设置即可。

选中想要制作成画笔的对象，如图 2-132 所示。单击"画笔"控制面板下面的"新建画笔"按钮▫️，或单击控制面板右上角的▼▤按钮，在弹出的菜单中选择"新建画笔"命令，弹出"新建画笔"对话框，如图 2-133 所示。

图 2-132

选择"图案画笔"单选项，单击"确定"按钮，弹出"图案画笔选项"对话框，如图 2-134 所示。在对话框中，"名称"选项用于设置图案画笔的名称；"缩放"选项用于设置图案画笔的缩放比例；"间距"选项用于设置图案的间距；![icons]选项用于设置画笔的外角拼贴、边线拼贴、内角拼贴、起点拼贴和终点拼贴；"翻转"选项组用于设置图案的翻转方向；"适合"选项组用于设置图案与图形的适合关系；"着色"选项组用于设置图案画笔的着色方法和主色调。单击"确定"按钮，制作的画笔将自动添加到"画笔"控制面板中，如图 2-135 所示。使用新定义的画笔可以在绘图页中绘制图形，如图 2-136 所示。

图 2-133　　　　　　　　　　图 2-134　　　　　　　　　　图 2-135　　　　　　　　　图 2-136

2.3.4　画笔库

Illustrator CS6 不但提供了功能强大的画笔工具，还提供了多种画笔库，其中包含箭头、艺术效果、装饰、边框和默认画笔等，这些画笔可以任意调用。

选择"窗口 > 画笔库"命令，在弹出的菜单中，可以看到一系列的画笔库命令。分别选择各个命令，可以弹出一系列的"画笔"控制面板，如图 2-137 所示。Illustrator CS6 还允许调用其他"画笔库"。选择"窗口 > 画笔库 > 其他库"命令，弹出"选择要打开的库："对话框，可以选择其他合适的画笔库，如图 2-138 所示。

图 2-137　　　　　　　　　　　　　　　　　　　　图 2-138

2.3.5　铅笔工具

使用铅笔工具![pencil icon]可以随意绘制出自由的曲线路径，在绘制过程中 Illustrator CS6 会自动依据鼠标指针的轨迹来设定锚点而生成路径。铅笔工具既可以绘制闭合路径，也可以绘制开放路径，还可以将已经存在的曲线锚点作为起点，延伸绘制出新的曲线，从而达到修改曲线的目的。

选择铅笔工具 ✏，在页面中需要的位置按住鼠标左键不放，拖曳鼠标到需要的位置，可以绘制一条路径，如图 2-139 所示。释放鼠标，绘制出的效果如图 2-140 所示。

选择铅笔工具 ✏，在页面中需要的位置按住鼠标左键，拖曳鼠标到需要的位置，按住 Alt 键，如图 2-141 所示，释放鼠标，可以绘制一条闭合的曲线，如图 2-142 所示。

绘制一个闭合的图形并选中这个图形，再选择铅笔工具 ✏，在闭合图形上的两个锚点之间拖曳，如图 2-143 所示，可以修改图形的形状，释放鼠标，得到的图形效果如图 2-144 所示。

| 图 2-139 | 图 2-140 | 图 2-141 | 图 2-142 | 图 2-143 | 图 2-144 |

双击铅笔工具 ✏，弹出"铅笔工具选项"对话框，如图 2-145 所示。在对话框的"容差"选项组中，"保真度"选项可以调节绘制曲线上的点的精确度，"平滑度"选项可以调节绘制曲线的平滑度。在"选项"选项组中，勾选"填充新铅笔描边"复选框，如果当前设置了填充颜色，绘制出的路径将使用该颜色；勾选"保持选定"复选框，绘制的曲线处于被选取状态；勾选"编辑所选路径"复选框，可以对选中的路径进行编辑。

图 2-145

2.3.6　平滑工具

使用平滑工具 ✏可以将尖锐的曲线变得较为光滑。

绘制曲线并选中绘制的曲线，选择平滑工具 ✏，将鼠标指针移到需要平滑的路径旁，按住鼠标左键不放并在路径上拖曳，如图 2-146 所示，路径平滑后的效果如图 2-147 所示。

双击平滑工具 ✏，弹出"平滑工具选项"对话框，如图 2-148 所示。在对话框中，"保真度"选项可以调节曲线上点的精确度，"平滑度"选项可以调节曲线的平滑度。

| 图 2-146 | 图 2-147 | 图 2-148 |

2.3.7　路径橡皮擦工具

使用路径橡皮擦工具 ✏可以擦除已有路径的全部或一部分，但是路径橡皮擦工具 ✏不能应用于文本对象和包含渐变网格的对象。

选中想要擦除的路径，选择路径橡皮擦工具 ✐ ，将鼠标指针移到需要清除的路径旁，按住鼠标左键不放并在路径上拖曳，如图 2-149 所示，擦除路径后的效果如图 2-150 所示。

图 2-149　　　　　　图 2-150

2.4　对象的编辑

Illustrator CS6 提供了强大的对象编辑功能，这一节将讲解编辑对象的方法，其中包括对象的多种选取方式，对象的比例缩放、移动、镜像、旋转、倾斜、扭曲变形、复制、删除，以及使用"路径查找器"控制面板编辑对象等。

功能介绍

缩放命令：可以快速精确地缩放对象。

复制命令：可以将对象复制到剪贴板中，画面中的对象保持不变。

粘贴命令：可以将对象粘贴到页面中。

2.4.1　课堂案例——绘制动物挂牌

【案例学习目标】使用绘图工具、缩放命令、复制和粘贴命令绘制可爱动物。

【案例知识要点】使用椭圆工具、路径查找器命令和钢笔工具绘制动物图形。使用缩放命令复制并调整动物图形，效果如图 2-151 所示。

【效果所在位置】Ch02\效果\绘制动物挂牌.ai。

1. 绘制挂环

（1）按 Ctrl+N 组合键，新建一个文档，设置文档的宽度为 210mm，高度为 297mm，取向为竖向，颜色模式为 CMYK。

（2）选择圆角矩形工具 ▣ ，在页面中单击，弹出"圆角矩形"对话框，选项的设置如图 2-152 所示，单击"确定"按钮，得到一个圆角矩形，效果如图 2-153 所示。选择椭圆工具 ◯ ，按住 Shift 键的同时，在适当的位置绘制一个圆形，如图 2-154 所示。

（3）选择选择工具 ▶ ，按住 Shift 键的同时，单击下方圆角矩形将其同时选取。选择"窗口 > 路径查找器"命令，弹出"路径查找器"控制面板，单击"减去顶层"按钮 ▣ ，如图 2-155 所示，生成新的对象，效果如图 2-156 所示。设置图形填充色为橘色（其 C、M、Y、K 的值分别为 0、30、100、0），填充图形，并设置描边色为无，效果如图 2-157 所示。

图 2-151

图 2-152　　　　图 2-153　　图 2-154　　　　图 2-155　　　　图 2-156　　图 2-157

（4）选择椭圆工具 ，在适当的位置绘制一个椭圆形，设置图形填充色为浅棕色（其 C、M、Y、K 的值分别为 45、55、72、0），填充图形，并设置描边色为无，效果如图 2-158 所示。

（5）选择选择工具 ，按住 Alt+Shift 组合键的同时，垂直向下拖曳图形到适当的位置，复制图形，效果如图 2-159 所示。按 Ctrl+D 组合键，再复制出一个图形，效果如图 2-160 所示。

（6）选择钢笔工具 ，在适当的位置分别绘制 2 个不规则图形，如图 2-161 所示。分别设置图形填充色为米白色（其 C、M、Y、K 的值分别为 0、12、30、0）和浅棕色（其 C、M、Y、K 的值分别为 45、55、72、0），填充图形，并设置描边色为无，效果如图 2-162 所示。

图 2-158　　　　图 2-159　　　　图 2-160　　　　图 2-161　　　　图 2-162

2．绘制动物头像

（1）选择椭圆工具 ，按住 Shift 键的同时，在页面外分别绘制 2 个圆形，如图 2-163 所示。选择旋转工具 ，按住 Alt 键的同时，在大圆形中心单击，弹出"旋转"对话框，选项的设置如图 2-164 所示，单击"复制"按钮，效果如图 2-165 所示。连续按 Ctrl+D 组合键，按需要再复制出多个圆形，效果如图 2-166 所示。

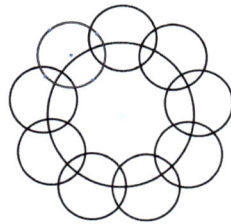

图 2-163　　　　图 2-164　　　　图 2-165　　　　图 2-166

（2）选择选择工具 ，用圈选的方法将所绘制的图形同时选取，如图 2-167 所示。在"路径查找器"控制面板中单击"联集"按钮 ，如图 2-168 所示，生成新的对象，效果如图 2-169 所示。

（3）保持图形的选取状态。设置图形填充色为米白色（其 C、M、Y、K 的值分别为 0、12、30、0），填充图形，并设置描边色为无，效果如图 2-170 所示。

（4）选择"对象 > 变换 > 缩放"命令，在弹出的对话框中进行设置，如图 2-171 所示，设置完成后单击"复制"按钮。设置图形填充色为浅棕色（其 C、M、Y、K 的值分别为 45、55、72、0），填充图形，效果如图 2-172 所示。

图 2-167

图 2-168

图 2-169

图 2-170

图 2-171

图 2-172

（5）选择钢笔工具，在适当的位置绘制一个不规则图形。设置图形填充色为橘色（其 C、M、Y、K 的值分别为 0、30、100、0），填充图形，并设置描边色为无，效果如图 2-173 所示。

（6）选择椭圆工具，按住 Shift 键的同时，在适当的位置绘制一个圆形。设置描边色为橘色（其 C、M、Y、K 的值分别为 0、30、100、0），填充描边，效果如图 2-174 所示。

（7）选择"窗口 > 描边"命令，弹出"描边"控制面板，单击"使描边外侧对齐"按钮，其他选项的设置如图 2-175 所示，按 Enter 键确认操作，描边效果如图 2-176 所示。

图 2-173

图 2-174

图 2-175

图 2-176

（8）选择选择工具，按住 Alt+Shift 组合键的同时，水平向右拖曳图形到适当的位置，复制图形，效果如图 2-177 所示。

（9）选择钢笔工具，在适当的位置绘制一个不规则图形。设置图形填充色为米白色（其 C、M、Y、K 的值分别为 0、12、30、0），填充图形，并设置描边色为无，效果如图 2-178 所示。

（10）选择钢笔工具，在适当的位置绘制一条曲线。设置描边色为棕色（其 C、M、Y、K 的值分别为 59、71、96、32），填充描边，效果如图 2-179 所示。

图 2-177　　　　　　　图 2-178　　　　　　　图 2-179

（11）在"描边"控制面板中单击"圆头端点"按钮，其他选
项的设置如图 2-180 所示，按 Enter 键确认操作，描边效果如图 2-181
所示。

图 2-180

（12）选择选择工具，按住 Alt+Shift 组合键的同时，水平向右
拖曳图形到适当的位置，复制图形，效果如图 2-182 所示。使用相同
的方法制作其他曲线，效果如图 2-183 所示。

（13）选择椭圆工具，在适当的位置绘制一个椭圆形，设置图形填充色为米白色（其 C、M、
Y、K 的值分别为 0、12、30、0），填充图形，并设置描边色为无，效果如图 2-184 所示。

图 2-181　　　　　　图 2-182　　　　　　图 2-183　　　　　　图 2-184

（14）选择选择工具，按住 Shift 键的同时，单击下方图形将其同时选取，如图 2-185 所示。在
"路径查找器"控制面板中单击"交集"按钮，如图 2-186 所示，生成新的对象，效果如图 2-187
所示。

（15）保持图形的选取状态。设置图形填充色为浅棕色（其 C、M、Y、K 的值分别为 45、55、72、
0），填充图形，并设置描边色为无，效果如图 2-188 所示。选择选择工具，用圈选的方法将所绘制
的图形同时选取，拖曳到页面中适当的位置，效果如图 2-189 所示。

图 2-185　　　　　图 2-186　　　　　图 2-187　　　　　图 2-188　　　　图 2-189

3．绘制前腿

（1）选择圆角矩形工具，在页面中单击，弹出"圆角矩形"对话框，选项的设置如图 2-190 所示，单击"确定"按钮，得到一个圆角矩形。选择选择工具，将圆角矩形拖曳到适当的位置。设置图形填充色为橘色（其 C、M、Y、K 的值分别为 0、30、100、0），填充图形，并设置描边色为无，效果如图 2-191 所示。

（2）按 Ctrl+C 组合键，复制图形。按 Ctrl-F 组合键，将复制的图形粘贴在前面。选择矩形工具，在适当的位置拖曳鼠标绘制一个矩形，如图 2-192 所示。选择选择工具，按住 Shift 键的同时，单击下方圆角矩形将其同时选取，如图 2-193 所示。

图 2-190　　　图 2-191　　　图 2-192　　　图 2-193

（3）在"路径查找器"控制面板中单击"减去顶层"按钮，生成新的对象，效果如图 2-194 所示。设置图形填充色为浅棕色（其 C、M、Y、K 的值分别为 45、55、72、0），填充图形，效果如图 2-195 所示。

（4）选择选择工具，按住 Shift 键的同时，单击下方圆角矩形将其同时选取。按住 Alt+Shift 组合键的同时，水平向右拖曳图形到适当的位置，复制图形，效果如图 2-196 所示。按住 Shift 键的同时，单击需要的图形将其同时选取，按 Ctrl+Shift+ [组合键，将其置于底层，效果如图 2-197 所示。动物挂牌绘制完成，效果如图 2-198 所示。

图 2-194　　　图 2-195　　　图 2-196　　　图 2-197　　　图 2-198

2.4.2　对象的选取

Illustrator CS6 中提供了 5 种选择工具，分别是选择工具、直接选择工具、编组选择工具、魔棒工具和套索工具。它们都位于工具箱的上方，如图 2-199 所示。

图 2-199

选择工具▶：通过单击路径上的一点或一部分来选择整个路径。

直接选择工具▶：可以选择路径上独立的锚点或线段，并显示出路径上的所有方向线以便于调整。

编组选择工具▶⁺：可以单独选择组合对象中的个别对象。

魔棒工具：可以选择具有相同笔画或填充属性的对象。

套索工具：可以选择路径上独立的锚点或线段，在直接选取套索工具拖曳时，经过轨迹上的所有路径将被同时选中。

编辑一个对象之前，首先要选中这个对象。对象刚建立时一般呈选取状态，对象的周围出现矩形选框，矩形选框是由 8 个控制手柄组成的，对象的中心有一个▪形的中心标记，对象矩形选框的示意图如图 2-200 所示。

当选取多个对象时，可以多个对象共有一个矩形选框，多个对象的选取状态如图 2-201 所示。要取消对象的选取状态，在绘图页面上的其他位置单击即可。

中心标记

控制手柄

图 2-200　　　　　　　图 2-201

1. 使用选择工具选取对象

选择选择工具▶，当鼠标指针移动到对象或路径上时，指针变为▶.形状，如图 2-202 所示；当鼠标指针移动到锚点上时，指针变为▶.形状，如图 2-203 所示；单击即可选取对象，指针变为▶形状，如图 2-204 所示。

图 2-202　　　　　　图 2-203　　　　　　图 2-204

提示　按住 Shift 键，分别在要选取的对象上单击，即可连续选取多个对象。

选择选择工具▶，在绘图页面中要选取的对象外围拖曳鼠标，拖曳后会出现一个灰色的矩形选框，如图 2-205 所示，框选住整个对象后释放鼠标，这时，被框选的对象处于选取状态，如图 2-206 所示。

图 2-205

图 2-206

用框选的方法可以同时选取一个或多个对象。

2. 使用直接选择工具选取对象

选择直接选择工具 ，单击对象可以选取整个对象，如图 2-207 所示。在对象的某个锚点上单击，该锚点将被选中，如图 2-208 所示。选中该锚点并拖曳，将改变对象的形状，如图 2-209 所示。

图 2-207　　　　图 2-208　　　　图 2-209

在移动锚点的时候，按住 Shift 键，锚点可以沿着 45° 角的整数倍方向移动；按住 Alt 键，此时可以复制锚点，这样就可以得到一段新路径。

3. 使用魔棒工具选取对象

双击魔棒工具 ，弹出"魔棒"控制面板，如图 2-210 所示。

勾选"填充颜色"复选框，可以使填充相同颜色的对象同时被选中；勾选"描边颜色"复选框，可以使填充相同描边的对象同时被选中；勾选"描边粗细"复选框，可以使填充相同笔画宽度的对象同时被选中；勾选"不透明度"复选框，可以使相同透明度的对象同时被选中；勾选"混合模式"复选框，可以使相同混合模式的对象同时被选中。

图 2-210

绘制 3 个图形，如图 2-211 所示，"魔棒"控制面板的设置如图 2-212 所示，选择魔棒工具 ，单击左边的对象，填充相同颜色的对象都会被选取，效果如图 2-213 所示。

图 2-211　　　　图 2-212　　　　图 2-213

绘制 3 个图形，如图 2-214 所示，"魔棒"控制面板的设置如图 2-215 所示，选择魔棒工具 ，单击左边的对象，填充相同描边颜色的对象都会被选取，如图 2-216 所示。

图 2-214　　　　图 2-215　　　　图 2-216

4．使用套索工具选取对象

选择套索工具 🔍，在对象的外围按住鼠标左键，拖曳鼠标绘制一个套索圈，如图 2-217 所示，释放鼠标，对象被选取，如图 2-218 所示。

选择套索工具 🔍，在绘图页面中的对象外围按住鼠标左键，拖曳鼠标在对象上绘制出一条套索线，绘制的套索线必须经过对象，如图 2-219 所示。套索线经过的对象将同时被选中，如图 2-220 所示。

图 2-217 　　　　图 2-218 　　　　　　图 2-219 　　　　　　图 2-220

5．使用选择菜单

Illustrator CS6 除了提供 5 种选择工具，还提供了一个"选择"菜单，如图 2-221 所示。

"全部"命令：可以将 Illustrator CS6 绘图页面上的所有对象同时选取，不包含隐藏和锁定的对象（快捷键为 Ctrl+A）。

"现用画板上的全部对象"命令：可以将 Illustrator CS6 画板上的所有对象同时选取，不包含隐藏和锁定的对象（快捷键为 Alt+Ctrl+A）。

"取消选择"命令：可以取消所有对象的选取状态（快捷键为 Shift+Ctrl+A）。

"重新选择"命令：可以重复上一次的选取操作（快捷键为 Ctrl+6）。

"反向"命令：可以选取文档中除当前被选中的对象之外的所有对象。

"上方的下一个对象"命令：可以选取当前被选中对象之上的对象。

"下方的下一个对象"命令：可以选取当前被选中对象之下的对象。

图 2-221

"相同"子菜单下包含 11 个命令，分别是"外观"命令、"外观属性"命令、"混合模式"命令、"填色和描边"命令、"填充颜色"命令、"不透明度"命令、"描边颜色"命令、"描边粗细"命令、"图形样式"命令、"符号实例"命令和"链接块系列"命令。

"对象"子菜单下包含 10 个命令，分别是同一图层上的所有对象命令、方向手柄命令、没有对齐像素网格、毛刷画笔描边、画笔描边命令、剪切蒙版命令、游离点命令、所有文本对象命令、点状文字对象命令和区域文字对象命令。

"存储所选对象"命令：可以将当前进行的选取操作进行保存。

"编辑所选对象"命令：可以对已经保存的选取操作进行编辑。

2.4.3　对象的缩放、移动和镜像

1．对象的缩放

在 Illustrator CS6 中可以快速而精确地按比例缩放对象，使设计工作变得更轻松。下面介绍缩放对象的方法。

（1）使用工具箱中的工具缩放对象。

选取要缩放的对象，对象的周围出现控制手柄，如图 2-222 所示。拖曳对角线上的控制手柄缩放对象，如图 2-223 所示，效果如图 2-224 所示。

图 2-222　　　　图 2-223　　　　图 2-224

注意 拖曳对角线上的控制手柄时，按住 Shift 键，对象会成比例缩放；按住 Shift+Alt 组合键，对象会成比例地向对象中心缩放。

选取要成比例缩放的对象，再选择比例缩放工具 ，对象的中心出现缩放对象的中心控制点，在中心控制点上拖曳鼠标可以移动中心控制点的位置，如图 2-225 所示。在对象上拖曳鼠标可以缩放对象，如图 2-226 所示。成比例缩放对象后的效果如图 2-227 所示。

图 2-225　　　　图 2-226　　　　图 2-227

（2）使用"变换"控制面板缩放对象。

选择"窗口 > 变换"命令（快捷键为 Shift+F8），弹出"变换"控制面板，如图 2-228 所示。在控制面板中，"宽"选项可以设置对象的宽度，"高"选项可以设置对象的高度。改变宽度和高度的数值，就可以缩放对象。

图 2-228

（3）使用菜单命令缩放对象。

选择"对象 > 变换 > 缩放"命令，弹出"比例缩放"对话框，如图 2-229 所示。在对话框中，选择"等比"选项可以使对象成比例缩放，右侧的文本框可以设置对象成比例缩放的百分比数值。选择"不等比"选项可以使对象不成比例缩放，"水平"选项可以设置对象在水平方向上的缩放百分比，"垂直"选项可以设置对象在垂直方向上的缩放百分比。

（4）使用鼠标右键的快捷菜单命令缩放对象。

在选取的要缩放的对象上单击鼠标右键，弹出快捷菜单，选择"对象 > 变换 > 缩放"命令，也可以对对象进行缩放。

图 2-229

注意 对象的移动、镜像、旋转和倾斜操作也可以使用鼠标右键的快捷菜单命令来完成。

2．对象的移动

在 Illustrator CS6 中，可以快速而精确地移动对象。要移动对象，就要使被移动的对象处于选取状态。

（1）使用工具箱中的工具和键盘移动对象。

选取要移动的对象，如图 2-230 所示。在对象上按住鼠标左键不放，拖曳鼠标到需要放置对象的位置，如图 2-231 所示。释放鼠标，完成对象的移动操作，效果如图 2-232 所示。

图 2-230　　　　　　图 2-231　　　　　　图 2-232

选取要移动的对象，用键盘上的方向键可以微调对象的位置。

（2）使用"变换"控制面板移动对象。

选择"窗口 > 变换"命令（快捷键为 Shift+F8），弹出"变换"控制面板，如图 2-233 所示。在控制面板中，"X"选项可以设置对象在 x 轴的位置，"Y"选项可以设置对象在 y 轴的位置。改变 x 轴和 y 轴的数值，就可以移动对象。

图 2-233

（3）使用菜单命令移动对象。

选择"对象 > 变换 > 移动"命令（快捷键为 Shift+Ctrl+M），弹出"移动"对话框，如图 2-234 所示。在对话框中，"水平"选项可以设置对象在水平方向上移动的数值，"垂直"选项可以设置对象在垂直方向上移动的数值，"距离"选项可以设置对象移动的距离，"角度"选项可以设置对象移动或旋转的角度，"复制"按钮用于复制出一个移动对象。

3．对象的镜像

在 Illustrator CS6 中可以快速而精确地进行镜像操作，使设计和制作工作更加高效。

图 2-234

（1）使用工具箱中的工具镜像对象。

选取要镜像的对象，如图 2-235 所示，选择镜像工具，拖曳鼠标旋转对象，出现蓝色虚线，如图 2-236 所示，这样可以实现图形的旋转变换，也就是对象绕自身中心的镜像变换，镜像后的效果如图 2-237 所示。

在绘图页面中的任意位置单击，可以确定新的镜像轴标志 的位置，如图 2-238 所示。在绘图页面中的任意位置再次单击，则单击产生的点与镜像轴标志的连线就作为镜像变换的镜像轴，对象在与镜像轴对称的地方生成镜像，效果如图 2-239 所示。

提示　在使用镜像工具生成镜像对象的过程中，只能使对象本身产生镜像。要在镜像的位置生成一个对象的复制品，方法很简单，在拖曳鼠标的同时按住 Alt 键即可。镜像工具也可以用于旋转对象。

图 2-235　　　　图 2-236　　　　图 2-237　　　　图 2-238　　　　图 2-239

（2）使用选择工具 ▶ 镜像对象。

使用选择工具 ▶ 选取要生成镜像的对象，如图 2-240 所示。按住鼠标左键直接拖曳控制手柄到相对的边，直到出现对象的蓝色虚线，如图 2-241 所示，释放鼠标，就可以得到不规则的镜像对象，如图 2-242 所示。

图 2-240　　　　　　　图 2-241　　　　　　　图 2-242

直接拖曳左边或右边中间的控制手柄到相对的边，直到出现对象的蓝色虚线，释放鼠标，就可以得到原对象的水平镜像。直接拖曳上边或下边中间的控制手柄到相对的边，直到出现对象的蓝色虚线，释放鼠标，就可以得到原对象的垂直镜像。

技巧　按住 Shift 键，拖曳边角上的控制手柄到相对的边，对象会成比例地沿对角线方向生成镜像。按住 Shift+Alt 组合键，拖曳边角上的控制手柄到相对的边，对象会成比例地从中心生成镜像。

（3）使用菜单命令镜像对象。

选择"对象 > 变换 > 对称"命令，弹出"镜像"对话框，如图 2-243 所示。在"轴"选项组中，选择"水平"单选项可以垂直镜像对象，选择"垂直"单选项可以水平镜像对象，选择"角度"单选项可以输入镜像角度的数值；在"选项"选项组中，选择"变换对象"选项，镜像的对象不是图案；选择"变换图案"选项，镜像的对象是图案；"复制"按钮用于在原对象上复制一个镜像的对象。

图 2-243

2.4.4　对象的旋转和倾斜

1．对象的旋转

（1）使用工具箱中的工具旋转对象。

使用选择工具 ▶ 选取要旋转的对象，将鼠标指针移动到旋转控制手柄上，鼠标指针变为 ↰ 形状，如图 2-244 所示。拖曳鼠标旋转对象，旋转时对象会出现蓝色虚线，指示旋转方向和角度，如图 2-245 所示。旋转到需要的角度后释放鼠标，效果如图 2-246 所示。

图 2-244   图 2-245   图 2-246

选取要旋转的对象，选择自由变换工具 ，对象的四周会出现控制柄。拖曳控制手柄，就可以旋转对象。自由变换工具 与选择工具 的使用方法类似。

选取要旋转的对象，选择旋转工具 ，对象的四周出现控制柄。拖曳控制手柄，就可以旋转对象。对象是围绕旋转中心 来旋转的，Illustrator 默认的旋转中心是对象的中心点。可以通过改变旋转中心来使对象旋转到新的位置。将鼠标指针移动到旋转中心上，拖曳旋转中心到需要的位置后，拖曳鼠标，如图 2-247 所示，释放鼠标，改变旋转中心后对象的效果如图 2-248 所示。

图 2-247   图 2-248

（2）使用"变换"控制面板旋转对象。

选择"窗口 > 变换"命令，弹出"变换"控制面板。"变换"控制面板的使用方法和"移动对象"中的使用方法相同，这里不再赘述。

（3）使用菜单命令旋转对象。

选择"对象 > 变换 > 旋转"命令或双击旋转工具 ，弹出"旋转"对话框，如图 2-249 所示。在对话框中，"角度"选项可以设置对象旋转的角度；勾选"变换对象"复选框，旋转的对象不是图案；勾选"变换图案"复选框，旋转的对象是图案；"复制"按钮用于在原对象上复制一个旋转对象。

2．对象的倾斜

（1）使用工具箱中的工具倾斜对象。

选取要倾斜的对象，如图 2-250 所示，选择倾斜工具 ，对象的四周出现控制柄。拖曳控制手柄或对象，会出现蓝色的虚线指示倾斜变形的方向和角度，如图 2-251 所示。倾斜到需要的角度后释放鼠标，效果如图 2-252 所示。

图 2-249   图 2-250   图 2-251   图 2-252

（2）使用"变换"控制面板倾斜对象。

选择"窗口 > 变换"命令，弹出"变换"控制面板。"变换"控制面板的使用方法和"移动"中的使用方法相同，这里不再赘述。

（3）使用菜单命令倾斜对象。

选择"对象 > 变换 > 倾斜"命令，弹出"倾斜"对话框，如图 2-253 所示。在对话框中，"倾斜角度"选项可以设置对象倾斜的角度。在"轴"选项组中，选择"水平"单选项，对象可以水平倾斜；选择"垂直"单选项，对象可以垂直倾斜；选择"角度"单选项，可以调节倾斜的角度；"复制"按钮用于在原对象上复制一个倾斜的对象。

图 2-253

2.4.5　对象的扭曲变形

在 Illustrator CS6 中，可以使用变形工具对需要变形的对象进行扭曲变形。变形工具共有 8 个，如图 2-254 所示。

1．使用宽度工具

选择宽度工具，将鼠标指针放到对象中的适当位置，如图 2-255 所示，在对象上拖曳鼠标，如图 2-256 所示，就可以对对象的描边宽度进行调整，释放鼠标，效果如图 2-257 所示。

图 2-254　　　　图 2-255　　　　图 2-256　　　　图 2-257

在宽度点上双击，弹出"宽度点数编辑"对话框，如图 2-258 所示。在对话框中，"边线 1"和"边线 2"选项分别用于设置两条边线的宽度，单击右侧的"按比例宽度调整"按钮链接两条边线，可同时调整其宽度；"总宽度"选项用于设置两条边线的总宽度。"调整邻近的宽度点数"选项可以调整邻近两条边线间的宽度点数。

2．使用变形工具

选择变形工具，将鼠标指针放到对象中的适当位置，如图 2-259 所示，在对象上拖曳鼠标，如图 2-260 所示，就可以进行扭曲变形操作，效果如图 2-261 所示。

图 2-258

图 2-259　　　　　图 2-260　　　　　图 2-261

双击变形工具，弹出"变形工具选项"对话框，如图 2-262 所示。在对话框的"全局画笔尺寸"选项组中，"宽度"选项可以设置画笔的宽度，"高度"选项可以设置画笔的高度，"角度"选项可以设置画笔的角度，"强度"选项可以设置画笔的强度。在"变形选项"选项组中，勾选"细节"

复选框可以控制变形的细节程度，勾选"简化"复选框可以控制变形的简化程度。勾选"显示画笔大小"复选框，在对象进行变形时会显示画笔的大小。

3．使用旋转扭曲工具

选择旋转扭曲工具 ，将鼠标指针放到对象中的适当位置，如图 2-263 所示，在对象上拖曳鼠标，如图 2-264 所示，就可以进行扭转变形操作，效果如图 2-265 所示。

双击旋转扭曲工具 ，弹出"旋转扭曲工具选项"对话框，如图 2-266 所示。在"旋转扭曲选项"选项组中，"旋转扭曲速率"选项可以控制扭转变形的程度。对话框中其他选项的功能与"变形工具选项"对话框中选项的功能相同。

图 2-262

图 2-263

图 2-264

图 2-265

图 2-266

4．使用缩拢工具

选择缩拢工具 ，将鼠标指针放到对象中的适当位置，如图 2-267 所示，在对象上拖曳鼠标，如图 2-268 所示，就可以进行缩拢变形操作，效果如图 2-269 所示。

双击缩拢工具 ，弹出"收缩工具选项"对话框，如图 2-270 所示。在"收缩选项"选项组中，勾选"细节"复选框可以控制变形的细节程度，勾选"简化"复选框可以控制变形的简化程度。对话框中其他选项的功能与"变形工具选项"对话框中选项的功能相同。

图 2-267   图 2-268   图 2-269   图 2-270

5．使用膨胀工具

选择膨胀工具 ，将鼠标指针放到对象中的适当位置，如图 2-271 所示，在对象上拖曳鼠标，如

图 2-272 所示，就可以进行膨胀变形操作，效果如图 2-273 所示。

　　双击膨胀工具 ，弹出"膨胀工具选项"对话框，如图 2-274 所示。在"膨胀选项"选项组中，勾选"细节"复选框可以控制变形的细节程度，勾选"简化"复选框可以控制变形的简化程度。对话框中其他选项的功能与"变形工具选项"对话框中选项的功能相同。

图 2-271　　　　　　图 2-272　　　　　　图 2-273　　　　　　图 2-274

6．使用扇贝工具

　　选择扇贝工具 ，将鼠标指针放到对象中的适当位置，如图 2-275 所示，在对象上拖曳鼠标，如图 2-276 所示，就可以使对象变形，效果如图 2-277 所示。双击扇贝工具 ，弹出"扇贝工具选项"对话框，如图 2-278 所示。

图 2-275　　　　　　图 2-276　　　　　　图 2-277　　　　　　图 2-278

　　在"扇贝选项"选项组中，"复杂性"选项可以控制变形的复杂性；勾选"细节"复选框可以控制变形的细节程度；勾选"画笔影响锚点"复选框，画笔的大小会影响锚点；勾选"画笔影响内切线手柄"复选框，画笔会影响对象的内切线；勾选"画笔影响外切线手柄"复选框，画笔会影响对象的外切线。对话框中其他选项的功能与"变形工具选项"对话框中选项的功能相同。

7．使用晶格化工具

　　选择晶格化工具 ，将鼠标指针放到对象中的适当位置，如图 2-279 所示，在对象上拖曳鼠标，如图 2-280 所示，就可以使对象变形，效果如图 2-281 所示。

　　双击晶格化工具 ，弹出"晶格化工具选项"对话框，如图 2-282 所示。对话框中选项的功能与"扇贝工具选项"对话框中选项的功能相同。

图 2-279　　　　图 2-280　　　　图 2-281　　　　图 2-282

8．使用皱褶工具

选择皱褶工具，将鼠标指针放到对象中的适当位置，如图 2-283 所示，在对象上拖曳鼠标，如图 2-284 所示，就可以进行皱褶变形操作，效果如图 2-285 所示。

双击皱褶工具，弹出"皱褶工具选项"对话框，如图 2-286 所示。在"皱褶选项"选项组中，"水平"选项可以控制变形的水平比例，"垂直"选项可以控制变形的垂直比例。对话框中其他选项的功能与"扇贝工具选项"对话框中选项的功能相同。

图 2-283　　　　图 2-284　　　　图 2-285　　　　图 2-286

2.4.6　复制和删除对象

1．复制对象

在 Illustrator CS6 中可以采取多种方法复制对象。下面介绍复制对象的多种方法。

（1）使用"编辑"菜单命令复制对象。

选取要复制的对象，如图 2-287 所示，选择"编辑 > 复制"命令（快捷键为 Ctrl+C），对象的副本将被放置在剪贴板中。

选择"编辑 > 粘贴"命令（快捷键为 Ctrl+V），对象的副本将被粘贴到要复制对象的旁边，效果如图 2-288 所示。

图 2-287   图 2-288

（2）使用鼠标右键的快捷菜单命令复制对象。

选取要复制的对象，在对象上单击鼠标右键，弹出快捷菜单，选择"变换 > 移动"命令，弹出"移动"对话框，如图 2-289 所示，单击"复制"按钮，可以在选中的对象上面复制一个对象，效果如图 2-290 所示。

在对象上再次单击鼠标右键，弹出快捷菜单，选择"变换 > 再次变换"命令（快捷键为 Ctrl+D），对象按"移动"对话框中的设置再次进行复制，效果如图 2-291 所示。

图 2-289   图 2-290   图 2-291

（3）使用拖曳鼠标的方式复制对象。

选取要复制的对象，按住 Alt 键，在对象上拖曳鼠标，出现对象的蓝色虚线效果，将其移动到需要的位置，释放鼠标，复制出一个对象。

也可以在两个不同的绘图页面中复制对象。把其中一个绘图页面中的对象拖曳到另一个绘图页面中，释放鼠标，即可完成复制。

2．删除对象

在 Illustrator CS6 中，删除对象的方法很简单，下面介绍删除对象的方法。

选中要删除的对象，选择"编辑 > 清除"命令（快捷键为 Delete），就可以将选中的对象删除。如果想删除多个或全部的对象，首先要选取这些对象，再执行"清除"命令。

2.4.7 撤销和恢复对象的操作

在进行设计的过程中，可能会出现错误的操作，下面介绍撤销和恢复对象的操作方法。

1．撤销对象的操作

选择"编辑 > 还原"命令（快捷键为 Ctrl+Z），可以还原上一次的操作。连续按快捷键 Ctrl+Z，可以连续还原操作的命令。

2．恢复对象的操作

选择"编辑 > 重做"命令（快捷键为 Shift+Ctrl+Z），可以恢复上一次的操作。连续两次按快捷键 Shift+Ctrl+Z，可以恢复两步操作。

2.4.8　对象的剪切

选中要剪切的对象，选择"编辑 > 剪切"命令（快捷键为 Ctrl+X），对象将从页面中删除并被放置在剪贴板中。

2.4.9　使用"路径查找器"控制面板编辑对象

在 Illustrator CS6 中，可以使用"路径查找器"控制面板编辑对象。它包含一组功能强大的路径编辑命令。使用"路径查找器"控制面板可以将许多简单的路径经过特定的运算之后形成复杂的路径。

选择"窗口 > 路径查找器"命令（快捷键为 Shift+Ctrl+F9），弹出"路径查找器"控制面板，如图 2-292 所示。

图 2-292

1．认识"路径查找器"控制面板的按钮

"路径查找器"控制面板的"形状模式"选项组中有 5 个按钮，从左至右分别是"联集"按钮▣、"减去顶层"按钮▣、"交集"按钮▣、"差集"按钮▣和"扩展"按钮。前 4 个按钮可以通过不同的组合方式在多个图形间制作出对应的复合图形，而"扩展"按钮则可以把复合图形转变为复合路径。

"路径查找器"选项组中有 6 个按钮，从左至右分别是"分割"按钮▣、"修边"按钮▣、"合并"按钮▣、"裁剪"按钮▣、"轮廓"按钮▣和"减去后方对象"按钮▣。这组按钮主要是把对象分解成各个独立的部分，或删除对象中不需要的部分。

2．使用"路径查找器"控制面板

（1）"联集"按钮▣。

在绘图页面中绘制两个图形对象，如图 2-293 所示。选中两个对象，如图 2-294 所示，单击"联集"按钮▣，可以生成新的对象，取消选取状态后的效果如图 2-295 所示。新对象的填充和描边属性与位于顶部的对象的填充和描边属性相同。

图 2-293　　　　　　　　图 2-294　　　　　　　　图 2-295

（2）"减去顶层"按钮 🖻。

在绘图页面中绘制两个图形对象，如图 2-296 所示。选中这两个对象，如图 2-297 所示，单击"减去顶层"按钮 🖻，可以生成新的对象，取消选取状态后的效果如图 2-298 所示。"减去顶层"命令可以在最下层对象的基础上，将被上层对象挡住的部分和上层的所有对象同时删除，只剩下最下层对象的剩余部分。

图 2-296   图 2-297   图 2-298

（3）"交集"按钮 🖻。

在绘图页面中绘制两个图形对象，如图 2-299 所示。选中这两个对象，如图 2-300 所示，单击"交集"按钮 🖻，可以生成新的对象，取消选取状态后的效果如图 2-301 所示。"交集"命令可以将图形没有重叠的部分删除，仅保留重叠部分。所生成的新对象的填充和描边属性与位于顶部的对象的填充和描边属性相同。

图 2-299   图 2-300   图 2-301

（4）"差集"按钮 🖻。

在绘图页面中绘制两个图形对象，如图 2-302 所示。选中这两个对象，如图 2-303 所示，单击"差集"按钮 🖻，可以生成新的对象，取消选取状态后的效果如图 2-304 所示。"差集"命令可以删除对象间重叠的部分。所生成的新对象的填充和描边属性与位于顶部的对象的填充和描边属性相同。

图 2-302   图 2-303   图 2-304

（5）"分割"按钮 🖻。

在绘图页面中绘制两个图形对象，如图 2-305 所示。选中这两个对象，如图 2-306 所示，单击"分割"按钮 🖻，可以生成新的对象，取消编组并分别移动对象，取消选取状态后的效果如图 2-307 所示。"分割"命令可以分离相互重叠的图形，从而得到多个独立的对象。所生成的新对象的填充和描边属性与位于顶部的对象的填充和描边属性相同。

图 2-305　　　　　　　　图 2-306　　　　　　　　图 2-307

（6）"修边"按钮 。

在绘图页面中绘制两个图形对象，如图 2-308 所示。选中这两个对象，如图 2-309 所示，单击"修边"按钮 ，可以生成新的对象，取消编组并分别移动对象，取消选取状态后的效果如图 2-310 所示。"修边"命令可以删除所有对象的描边属性和被上层对象挡住的部分，新生成的对象保持原来的填充属性。

图 2-308　　　　　　　　图 2-309　　　　　　　　图 2-310

（7）"合并"按钮 。

在绘图页面中绘制两个图形对象，如图 2-311 所示。选中这两个对象，如图 2-312 所示，单击"合并"按钮 ，可以生成新的对象，取消编组并分别移动对象，取消选取状态后的效果如图 2-313 所示。如果对象的填充和描边属性都相同，"合并"命令将把所有的对象组成一个整体后合为一个对象，但对象的描边色将变为没有；如果对象的填充和描边属性都不相同，则"合并"按钮的功能与"裁剪"按钮 的功能相同。

图 2-311　　　　　　　　图 2-312　　　　　　　　图 2-313

（8）"裁剪"按钮 。

在绘图页面中绘制两个图形对象，如图 2-314 所示。选中这两个对象，如图 2-315 所示，单击"裁剪"按钮 ，可以生成新的对象，取消选取状态后的效果如图 2-316 所示。对重叠的图形来说，"裁剪"命令只保留对象的重叠部分，新生成的对象仅保持底部对象的填充属性。

图 2-314 图 2-315 图 2-316

（9）"轮廓"按钮 ⬚。

在绘图页面中绘制两个图形对象，如图 2-317 所示。选中这两个对象，如图 2-318 所示，单击"轮廓"按钮 ⬚，可以生成新的对象，取消选取状态后的效果如图 2-319 所示。

图 2-317 图 2-318 图 2-319

（10）"减去后方对象"按钮 ⬚。

在绘图页面中绘制两个图形对象，如图 2-320 所示。选中这两个对象，如图 2-321 所示，单击"减去后方对象"按钮 ⬚，可以生成新的对象，取消选取状态后的效果如图 2-322 所示。"减去后方对象"命令可以使位于底层的对象减去位于该对象之上的所有对象。

图 2-320 图 2-321 图 2-322

课堂练习——绘制闹钟

【练习知识要点】使用置入命令置入背景图像，使用椭圆工具、多边形工具、矩形工具和路径查找器面板制作闹钟图形和指针，使用钢笔工具绘制耳朵图形，效果如图 2-323 所示。

【素材所在位置】Ch02\素材\绘制闹钟\01。

【效果所在位置】Ch02\效果\绘制闹钟.ai。

图 2-323

课后习题——制作请柬

【习题知识要点】使用矩形工具制作请柬背景，使用钢笔工具绘制花形图案，使用镜像和旋转工具制作花形，效果如图 2-324 所示。

【素材所在位置】Ch02\素材\制作请柬\01。

【效果所在位置】Ch02\效果\制作请柬.ai。

图 2-324

第3章

路径的绘制与编辑

本章介绍

本章将讲解 Illustrator CS6 中路径的相关知识和钢笔工具的使用方法，以及绘制和编辑路径的方法。通过对本章的学习，读者可以运用路径工具绘制出需要的线条及图形。

学习目标

- 了解路径和锚点的相关知识。
- 掌握钢笔工具的使用方法。
- 掌握编辑路径的方法和技巧。
- 掌握路径命令的使用方法。

技能目标

- 掌握"山峰插画"的绘制方法。
- 掌握"标靶图标"的绘制方法。

3.1 认识路径和锚点

路径是使用绘图工具创建的直线、曲线或几何形状对象，是组成所有线条和图形的基本元素。Illustrator CS6 提供了多种绘制路径的工具，如钢笔工具、画笔工具、铅笔工具、矩形工具和多边形工具等。路径可以由一个或多个路径组成，即由锚点连接起来的一条或多条线段组成。路径本身没有宽度和颜色，当对路径添加了描边后，路径才跟随描边的宽度和颜色具有了相应的属性。选择"图形样式"控制面板，可以为路径更改不同的样式。

3.1.1 路径

1. 路径的类型

为了满足绘图的需要，Illustrator CS6 中的路径分为开放路径、闭合路径和复合路径 3 种类型。

开放路径的两个端点没有连接在一起，如图 3-1 所示。在对开放路径进行填充时，Illustrator CS6 会假定路径两端已经连接起来形成了闭合路径。

闭合路径没有起点和终点，是一条连续的路径，如图 3-2 所示，可对其进行内部填充或描边填充。

复合路径是由两个或两个以上的开放或闭合路径组合而成的路径，如图 3-3 所示。

图 3-1   图 3-2   图 3-3

2. 路径的组成

路径由锚点和线段组成，可以通过调整路径上的锚点或线段来改变它的形状。在曲线路径上，每一个锚点有一条或两条控制线，曲线中间的锚点有两条控制线，曲线端点的锚点有一条控制线。控制线总是与曲线在锚点处相切，控制线呈现的角度和长度决定了曲线的形状。控制线的端点称为控制点，通过调整控制点可以调整整个曲线，如图 3-4 所示。

线段
控制
锚点
控制线
控制点

图 3-4

3.1.2 锚点

1. 锚点的基本概念

锚点是构成直线或曲线的基本元素，在路径上可任意添加和删除锚点。通过调整锚点可以调整路径的形状，也可以通过锚点的转换来进行直线与曲线的转换。

2. 锚点的类型

Illustrator CS6 中的锚点分为平滑点和角点两种类型。

平滑点是两条平滑曲线连接处的锚点。平滑点可以使两条线段连接成一条平滑的曲线，使路径不会突然改变方向。每一个平滑点有两条相对应的控制线，如图 3-5 所示。

角点所处的地方，路径的形状会急剧地改变。角点可分为 3 种类型。

直线角点：两条直线以一个很明显的角度形成的交点，这种锚点没有控制线，如图 3-6 所示。

曲线角点：两条方向各异的曲线相交的点，这种锚点有两条控制线，如图 3-7 所示。

复合角点：一条直线和一条曲线的交点，这种锚点有一条控制线，如图 3-8 所示。

图 3-5　　　　　　图 3-6　　　　　　图 3-7　　　　　　图 3-8

3.2　使用钢笔工具

Illustrator CS6 中的钢笔工具是一个非常重要的工具。使用钢笔工具可以绘制直线、曲线和任意形状的路径，也可以对线段进行精确的调整。

功能介绍

钢笔工具：用于绘制直线、曲线和任意形状的路径。

复合路径：用于图形的相加或镂空。

3.2.1　课堂案例——绘制山峰插画

【案例学习目标】使用钢笔工具绘制山峰插画。

【案例知识要点】使用钢笔工具绘制云朵和山脉路径，使用矩形工具和直接选择工具绘制红旗，效果如图 3-9 所示。

【效果所在位置】Ch03\效果\绘制山峰插画.ai。

图 3-9

（1）按 Ctrl+N 组合键，新建一个文档，设置文档的宽度为 100mm，高度为 100mm，取向为竖向，颜色模式为 CMYK。

（2）选择矩形工具■，按住 Shift 键的同时，在适当的位置绘制一个正方形，设置图形填充色为浅蓝色（其 C、M、Y、K 的值分别为 34、7、6、0），填充图形，并设置描边色为无，效果如图 3-10 所示。

（3）选择钢笔工具，在适当的位置绘制图形，设置图形填充色为蓝色（其 C、M、Y、K 的值分别为 68、28、18、0），填充图形，并设置描边色为无，效果如图 3-11 所示。

（4）选择钢笔工具，在适当的位置绘制图形，设置图形填充色为咖啡色（其 C、M、Y、K 的值分别为 48、78、100、15），填充图形，并设置描边色为无，效果如图 3-12 所示。

图 3-10 图 3-11 图 3-12

（5）选择钢笔工具，在适当的位置绘制图形，设置图形填充色为深咖啡色（其 C、M、Y、K 的值分别为 57、82、100、41），填充图形，并设置描边色为无，效果如图 3-13 所示。

（6）选择钢笔工具，在适当的位置绘制图形，设置图形填充色为浅咖啡色（其 C、M、Y、K 的值分别为 52、79、100、24），填充图形，并设置描边色为无，效果如图 3-14 所示。用相同的方法绘制其他图形，效果如图 3-15 所示。

图 3-13 图 3-14 图 3-15

（7）选择钢笔工具，在适当的位置绘制图形，设置图形填充色为棕色（其 C、M、Y、K 的值分别为 41、65、84、2），填充图形，并设置描边色为无，效果如图 3-16 所示。

（8）选择钢笔工具，在适当的位置绘制图形，设置图形填充色为深棕色（其 C、M、Y、K 的值分别为 48、78、100、15），填充图形，并设置描边色为无，效果如图 3-17 所示。

图 3-16 图 3-17

（9）选择钢笔工具 ![钢笔工具]，在适当的位置绘制图形，设置图形填充色为浅棕色（其 C、M、Y、K 的值分别为 45、59、92、6），填充图形，并设置描边色为无，效果如图 3-18 所示。用相同的方法绘制其他图形，效果如图 3-19 所示。

图 3-18

图 3-19

（10）选择钢笔工具 ![钢笔工具]，在适当的位置绘制图形，填充图形为白色，并设置描边色为无，效果如图 3-20 所示。用相同的方法绘制其他图形，效果如图 3-21 所示。

图 3-20

图 3-21

（11）选择矩形工具 ![矩形工具]，在页面中适当的位置绘制一个矩形，设置图形填充色为深棕色（其 C、M、Y、K 的值分别为 57、83、100、42），填充图形，并设置描边色为无，效果如图 3-22 所示。

（12）选择矩形工具 ![矩形工具]，在页面中适当的位置绘制一个矩形，设置图形填充色为红色（其 C、M、Y、K 的值分别为 27、100、100、0），填充图形，并设置描边色为无，效果如图 3-23 所示。

（13）选择选择工具 ![选择工具]，选取图形，按住 Alt 键的同时，向下拖曳图形，将其复制并调整其大小，效果如图 3-24 所示。

图 3-22

图 3-23

图 3-24

（14）选择添加锚点工具 ![添加锚点工具]，在矩形右边中点处单击添加锚点，如图 3-25 所示。选择直接选择工具 ![直接选择工具]，将锚点分别拖曳到适当的位置，按 Ctrl+ [组合键，后移一层，如图 3-26 所示。

（15）选择矩形工具 ![矩形工具]，在页面中适当的位置绘制一个矩形，设置图形填充色为深红色（其 C、

M、Y、K 的值分别为 44、100、100、13），填充图形，并设置描边色为无，效果如图 3-27 所示。

（16）选择直接选择工具 ，选取需要的锚点，如图 3-28 所示，将锚点向上拖曳到适当的位置，按 Ctrl+ [组合键，后移一层，效果如图 3-29 所示。

| 图 3-25 | 图 3-26 | 图 3-27 | 图 3-28 | 图 3-29 |

（17）选择钢笔工具 ，在适当的位置绘制图形，设置图形填充色为蓝色（其 C、M、Y、K 的值分别为 54、16、10、0），填充图形，并设置描边色为无，效果如图 3-30 所示。

（18）选择选择工具 ，选取图形，按住 Alt 键的同时，向上拖曳图形，将其复制并填充为白色，然后设置描边色为无，效果如图 3-31 所示。

（19）选择选择工具 ，按住 Shift 键的同时，将两个图形选取，按 Ctrl+G 组合键，将两个图形编组。按住 Alt 键的同时，拖曳图形到适当的位置，多次复制图形并调整图形大小，效果如图 3-32 所示。

| 图 3-30 | 图 3-31 | 图 3-32 |

（20）选择多边形工具 ，在页面中单击，弹出"多边形"对话框，选项的设置如图 3-33 所示，单击"确定"按钮，得到一个八边形，将其拖曳到适当的位置。设置图形填充色为橘色（其 C、M、Y、K 的值分别为 2、45、87、0），填充图形，并设置描边色为无，效果如图 3-34 所示。

| 图 3-33 | 图 3-34 |

（21）选择"效果 > 扭曲和变换 > 膨胀和收缩"命令，在弹出的对话框中进行设置，如图 3-35

所示，单击"确定"按钮，效果如图 3-36 所示。

（22）选择椭圆工具 ，按住 Shift 键的司时，在适当的位置绘制圆形，设置图形填充色为浅黄色（其 C、M、Y、K 的值分别为 2、27、55、0），填充图形，并设置描边色为无，效果如图 3-37 所示。山峰插画绘制完成，效果如图 3-38 所示。

图 3-35　　　　　　　　　图 3-36　　　　　　　　　图 3-37　　　　　　　　　图 3-38

3.2.2　绘制直线

选择钢笔工具 ，在页面中单击确定直线的起点，如图 3-39 所示。移动鼠标到需要的位置，再次单击确定直线的终点，如图 3-40 所示。

在需要的位置再连续单击确定其他的锚点，就可以绘制出折线，如图 3-41 所示。单击折线上的锚点，该锚点会被删除，折线的另外两个锚点将自动连接，如图 3-42 所示。

图 3-39　　　　　　　　　图 3-40　　　　　　　　　图 3-41　　　　　　　　　图 3-42

3.2.3　绘制曲线

选择钢笔工具 ，在页面中按住鼠标左键拖曳鼠标来确定曲线的起点。起点的两端分别出现了控制线，如图 3-43 所示。

释放鼠标，移动鼠标到需要的位置，再次按住鼠标左键进行拖曳，出现了一条曲线段。拖曳鼠标的同时，第 2 个锚点两端也出现了控制线。按住鼠标左键不放，随着鼠标的移动，曲线段的形状也发生了变化，如图 3-44 所示。释放鼠标后再移动鼠标可继续绘制。

如果连续拖曳鼠标，可以绘制出连续、平滑的曲线，如图 3-45 所示。

图 3-43　　　　　　　　　图 3-44　　　　　　　　　图 3-45

3.2.4　绘制复合路径

钢笔工具不但可以绘制单纯的直线或曲线，而且可以绘制既包含直线又包含曲线的复合路径。在复合路径中，路径间重叠在一起的公共区域被镂空，呈透明状态，如图 3-46 和图 3-47 所示。

　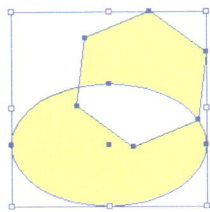

图 3-46　　　　　　　　　　图 3-47

1．制作复合路径

（1）使用菜单命令制作复合路径。

绘制两个图形，并选中这两个图形对象，如图 3-48 所示。选择"对象 > 复合路径 > 建立"命令（快捷键为 Ctrl+8），可以看到两个对象成为复合路径后的效果，如图 3-49 所示。

（2）使用鼠标右键的快捷菜单命令制作复合路径。

绘制两个图形，并选中这两个图形对象，用鼠标右键单击选中的对象，在弹出的菜单中选择"建立复合路径"命令，两个对象即成为复合路径。

2．复合路径与编组的区别

虽然使用编组选择工具 也能将组成复合路径的各个路径单独选中，但复合路径和编组是有区别的。编组是组合在一起的一组对象，其中的每个对象都是独立的，各个对象可以有不同的外观属性；而所有包含在复合路径中的路径都被认为是一条路经，整个复合路径中只能有一种填充和描边属性。复合路径与编组的效果差别如图 3-50 和图 3-51 所示。

图 3-48　　　　　　图 3-49　　　　　　图 3-50　　　　　　图 3-51

3．释放复合路径

（1）使用菜单命令释放复合路径。

选中复合路径，选择"对象 > 复合路径 > 释放"命令（快捷键为 Alt +Shift+Ctrl+8），可以释放复合路径。

（2）使用鼠标右键的快捷菜单命令释放复合路径。

选中复合路径，在绘图页面上单击鼠标右键，在弹出的菜单中选择"释放复合路径"命令，可以释放复合路径。

3.3　编辑路径

Illustrator CS6 的工具箱中有很多路径编辑工具，应用这些工具可以对路径进行变形、转换和剪切等操作。

3.3.1　添加、删除和转换锚点

按住钢笔工具不放，将展开钢笔工具组，如图 3-52 所示。

```
■ ⬮ 钢笔工具          (P)
  ⬮₊ 添加锚点工具      (+)
  ⬮₋ 删除锚点工具      (-)
  ＼ 转换锚点工具    (Shift+C)
```

图 3-52

1．添加锚点

绘制一段路径，如图 3-53 所示。选择添加锚点工具，在路径上的任意位置单击，路径上就会增加一个新的锚点，如图 3-54 所示。

图 3-53　　　　　　　　　　　　图 3-54

2．删除锚点

绘制一段路径，如图 3-55 所示。选择删除锚点工具，在路径的任意一个锚点上单击，该锚点就会被删除，如图 3-56 所示。

图 3-55　　　　　　　　　　　　图 3-56

3．转换锚点

绘制一段闭合的椭圆形路径，如图 3-57 所示。选择转换锚点工具，单击路径上的锚点，锚点就会被转换，如图 3-58 所示。拖曳锚点可以编辑路径的形状，如图 3-59 所示。

图 3-57　　　　　　图 3-58　　　　　　图 3-59

3.3.2　使用剪刀和刻刀工具

1．剪刀工具

绘制一段路径，如图 3-60 所示。选择剪刀工具 ✂，单击路径上的任意一点，路径就会从单击的地方被剪切为两条路径，如图 3-61 所示。按键盘上方向键中的↓键，移动剪切的锚点，即可看到剪切后的效果，如图 3-62 所示。

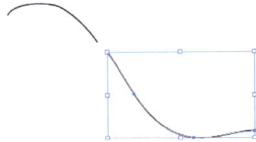

图 3-60　　　　　　　　图 3-61　　　　　　　　图 3-62

2．刻刀工具

绘制一段闭合路径，如图 3-63 所示。选择刻刀工具 ✐，在需要的位置按住鼠标左键从路径的上方至下方拖曳出一条线，如图 3-64 所示，释放鼠标，闭合路径被裁切为两个闭合路径，如图 3-65 所示。选择选择工具 �8，选中路径的右半部，按键盘上方向键中的→键，移动路径，如图 3-66 所示。可以看到路径被裁切为两部分，如图 3-67 所示。

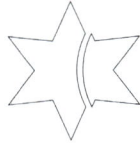

图 3-63　　　　图 3-64　　　　图 3-65　　　　图 3-66　　　　图 3-67

3.4　使用路径命令

在 Illustrator CS6 中，除了使用工具箱中的各种编辑工具对路径进行编辑外，还可以应用路径菜单中的命令对路径进行编辑。选择"对象 > 路径"命令，弹出子菜单，其中包括 10 个编辑命令："连接"命令、"平均"命令、"轮廓化描边"命令、"偏移路径"命令、"简化"命令、"添加锚点"命令、"移去描点"命令、"分割下方对象"命令、"分割为网格"命令和"清理"命令，如图 3-68 所示。

图 3-68

功能介绍

路径菜单：包含多个命令，应用这些命令可对路径进行编辑。

3.4.1　课堂案例——绘制标靶图标

【案例学习目标】使用钢笔工具和渐变工具绘制标靶图标。

【案例知识要点】使用钢笔工具绘制路径，使用文字工具输入文字，使用椭圆工具绘制标靶，使用渐变工具填充图形，效果如图 3-69 所示。

【效果所在位置】Ch03\效果\绘制标靶图示.ai。

图 3-69

（1）按 Ctrl+N 组合键，新建一个文档，设置文档的宽度为 100mm，高度为 100mm，取向为竖向，颜色模式为 CMYK。

（2）选择矩形工具 ▣，按住 Shift 键的同时，在适当的位置绘制一个正方形，设置图形填充颜色为蓝色（其 C、M、Y、K 的值分别为 73、31、4、0），填充图形，并设置描边色为无，效果如图 3-70 所示。

（3）选择椭圆工具 ◯，按住 Shift 键的同时，在适当的位置绘制一个圆形，设置图形填充颜色为米色（其 C、M、Y、K 的值分别为 2、8、30、0），填充图形，并设置描边色为无，效果如图 3-71 所示。

图 3-70   图 3-71

（4）选择选择工具 ▶，按 Ctrl+C 组合键，复制图形，按 Ctrl+F 组合键，将复制的矩形粘贴在前面，按 Shift+Alt 组合键的同时，拖曳图形右上角的控制手柄，等比例缩小图形，设置图形填充颜色为品红色（其 C、M、Y、K 的值分别为 18、98、53、0），填充图形，效果如图 3-72 所示。用相同的方法分别复制其他圆形，并填充相应的颜色，效果如图 3-73 所示。

图 3-72   图 3-73

（5）选择钢笔工具 ✎，在页面中绘制一个不规则图形，填充图形为白色，并设置描边色为无，效果如图 3-74 所示。

（6）选择钢笔工具 ✎，在页面中绘制一个不规则图形，设置图形填充颜色为绿色（其 C、M、Y、K 的值分别为 74、8、80、0），填充图形，并设置描边色为无，效果如图 3-75 所示。

图 3-74　　　　　　　　　图 3-75

（7）选择选择工具 ▶，按 Ctrl+C 组合键，复制图形，按 Ctrl+F 组合键，将复制的矩形粘贴在前面，设置图形填充颜色为浅绿色（其 C、M、Y、K 的值分别为 60、0、60、0），填充图形，效果如图 3-76 所示。

（8）选择添加锚点工具 ✎，在图形下边中间位置单击添加锚点，如图 3-77 所示。选择删除锚点工具 ✎，在图形右边锚点处单击，如图 3-78 所示，删除锚点后的效果如图 3-79 所示。

图 3-76　　　　　　图 3-77　　　　　　图 3-78　　　　　　图 3-79

（9）选择钢笔工具 ✎，在页面中绘制一个不规则图形，设置图形填充颜色为米色（其 C、M、Y、K 的值分别为 2、8、30、0），填充图形，并设置描边色为无，效果如图 3-80 所示。

（10）选择直线段工具 ╱，在心形中间绘制一条直线，如图 3-81 所示。选择"对象 > 路径 > 分割下方对象"命令，分割心形。选择选择工具 ▶，选取下方的图形，并设置图形填充颜色为土黄色（其 C、M、Y、K 的值分别为 18、23、54、0），填充图形，并设置描边色为无，效果如图 3-82 所示。选择钢笔工具 ✎，在适当的位置绘制图形，效果如图 3-83 所示。

图 3-80　　　　　　图 3-81　　　　　　图 3-82　　　　　　图 3-83

（11）双击渐变工具 ▣，弹出"渐变"控制面板，在色带上设置 2 个渐变滑块，将渐变滑块的位置分别设为 38、100，设置 C、M、Y、K 的值分别为 38（0、0、0、100）、100（0、0、0、100），并设置不透明度的值分别为 0% 和 40%，其他选项的设置如图 3-84 所示，图形被填充渐变色，并设置描边色为无，效果如图 3-85 所示。连续按 Ctrl+ [组合键，向后移动图形，效果如图 3-86 所示。

图 3-84　　　　　　图 3-85　　　　　　图 3-86

（12）选择选择工具，按住 Shift 键的同时，分别单击图形，将多个图形选取。选择旋转工具，按住 Alt 键的同时，将中心点拖曳到飞镖尖端，弹出"旋转"对话框，选项的设置如图 3-87 所示，单击"复制"按钮，效果如图 3-88 所示。

（13）选择选择工具，选取图形。选择"窗口 > 路径查找器"命令，弹出"路径查找器"控制面板，单击"联集"按钮，如图 3-89 所示，生成新对象，效果如图 3-90 所示。

图 3-87　　　　　　图 3-88　　　　　　图 3-89　　　　　　图 3-90

（14）选择选择工具，选取图形。双击渐变工具，弹出"渐变"控制面板，在色带上设置 2 个渐变滑块，将渐变滑块的位置分别设为 38、100，设置 C、M、Y、K 的值分别为 38（0、0、0、100）、100（0、0、0、100），并设置不透明度的值分别为 0% 和 40%，其他选项的设置如图 3-91 所示，图形被填充渐变色，效果如图 3-92 所示。

（15）选择文字工具，在页面中适当的位置输入需要的文字。选择选择工具，在属性栏中选择合适的字体并设置适当的文字大小，设置文字填充颜色为黄色（其 C、M、Y、K 的值分别为 2、8、30、0），填充文字，效果如图 3-93 所示。标靶图标绘制完成。

图 3-91　　　　　　图 3-92　　　　　　图 3-93

3.4.2 使用"连接"命令

"连接"命令可以将开放路径的两个端点用一条直线段连接起来，从而形成新的路径。如果连接的两个端点在同一条路径上，将形成一条新的闭合路径；如果连接的两个端点在不同的开放路径上，将形成一条新的开放路径。

选择直接选择工具 ▷，用框选的方法选择要进行连接的两个端点，如图 3-94 所示。选择"对象 > 路径 > 连接"命令（快捷键为 Ctrl+J），两个端点之间出现一条直线段，把开放路径连接起来，效果如图 3-95 所示。

图 3-94   图 3-95

提示　如果在两条路径间进行连接，这两条路径必须属于同一个组。文本路径中的终止点不能连接。

3.4.3 使用"平均"命令

"平均"命令可以将路径上的所有点按一定的方式平均分布，应用该命令可以制作对称的图案。

选择直接选择工具 ▷，选择要平均分布处理的锚点，如图 3-96 所示。选择"对象 > 路径 > 平均"命令（快捷键为 Ctrl+Alt+J），弹出"平均"对话框，对话框中包括 3 个选项，如图 3-97 所示。

"水平"单选项可以将选定的锚点按水平方向进行平均分布，选择"水平"单选项，单击"确定"按钮，选中的锚点将在水平方向进行对齐，效果如图 3-98 所示；"垂直"单选项可以将选定的锚点按垂直方向进行平均分布，图 3-99 所示为选择"垂直"单选项，单击"确定"按钮后选中的锚点的效果；"两者兼有"单选项可以将选定的锚点按水平和垂直两种方向进行平均分布，图 3-100 所示为选择"两者兼有"单选项，单击"确定"按钮后选中的锚点的效果。

图 3-96   图 3-97   图 3-98   图 3-99   图 3-100

3.4.4　使用"轮廓化描边"命令

"轮廓化描边"命令可以在已有描边的两侧创建新的路径。可以理解为新路径由两条路径组成，这两条路径分别是原来对象描边两侧的边缘。无论对开放路径还是对闭合路径，使用"轮廓化描边"命令，得到的都将是闭合路径。在 Illustrator CS5 中，"渐变"命令不能应用在对象的描边上，但应用"轮廓化描边"命令制作出新图形后，"渐变"命令就可以应用在原来对象的描边上。

使用铅笔工具 ✐ 绘制出一条路径。选中路径对象，如图 3-101 所示。选择"对象 > 路径 > 轮廓化描边"命令，创建对象的描边轮廓，效果如图 3-102 所示。应用"渐变"命令为描边轮廓填充渐变色，效果如图 3-103 所示。

图 3-101　　　　　　　图 3-102　　　　　　　图 3-103

3.4.5　使用"偏移路径"命令

"偏移路径"命令可以围绕着已有路径的外部或内部勾画一条新的路径，新路径与原路径之间偏移的距离可以按需要设置。

选中要偏移的对象，如图 3-104 所示。选择"对象 > 路径 > 偏移路径"命令，弹出"偏移路径"对话框，如图 3-105 所示。"位移"选项用来设置偏移的距离，设置的数值为正数，新路径在原始路径的外部；设置的数值为负数，新路径在原始路径的内部。"连接"选项可以设置新路径拐角上不同的连接方式。"斜接限制"选项会影响连接区域的大小。

设置"位移"的数值为正数时，偏移效果如图 3-106 所示。设置"位移"的数值为负数时，偏移效果如图 3-107 所示。

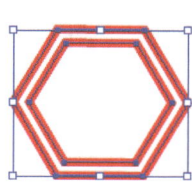

图 3-104　　　　　　图 3-105　　　　　　图 3-106　　　　　图 3-107

3.4.6　使用"简化"命令

"简化"命令可以在尽量不改变图形原始形状的基础上删去多余的锚点来简化路径，为修改和编辑路径提供了方便。

导入图像，然后选中这幅图像，可以看到图像上存在着大量的锚点，如图 3-108 所示。选择"对象 > 路径 > 简化"命令，弹出"简化"对话框，如图 3-109 所示。在对话框中，"曲线精度"选项可以设置路径简化的精度。"角度阈值"选项用来处理尖锐的角点。勾选"直线"复选框，将在每对锚点间绘制一条直线。勾选"显示原路径"复选框，在预览简化后的效果时，将显示出原始路径以做对比。单击"确定"按钮，简化后的路径与原始路径相比，外观更加平滑，路径上的锚点数目也减少了，如图 3-110 所示。

图 3-108 图 3-109 图 3-110

3.4.7 使用"添加锚点"命令

"添加锚点"命令可以给选定的路径增加锚点，执行一次该命令可以在两个相邻的锚点中间添加一个锚点。重复该命令，可以添加上更多的锚点。

选中要添加锚点的对象，如图 3-111 所示。选择"对象 > 路径 > 添加锚点"命令，添加锚点后的效果如图 3-112 所示。重复多次"添加锚点"命令，效果如图 3-113 所示。

图 3-111 图 3-112 图 3-113

3.4.8 使用"分割下方对象"命令

"分割下方对象"命令可以使用已有的路径切割位于它下方的封闭路径。

（1）用开放路径分割对象。

选择一个对象作为被切割对象，如图 3-114 所示。绘制一个开放路径作为切割对象，将其放在被切割对象之上，如图 3-115 所示。选择"对象 > 路径 > 分割下方对象"命令，切割后，移动对象即可看到切割后的新对象，效果如图 3-116 所示。

图 3-114　　　　　　图 3-115　　　　　　图 3-116

（2）用闭合路径分割对象。

选择一个对象作为被切割对象，如图 3-117 所示。绘制一个闭合路径作为切割对象，将其放在被切割对象之上，如图 3-118 所示。选择"对象 > 路径 > 分割下方对象"命令，切割后，移动对象即可看到切割后的新对象，效果如图 3-119 所示。

图 3-117　　　　　　图 3-118　　　　　　图 3-119

3.4.9　使用"分割为网格"命令

选择一个对象，如图 3-120 所示。选择"对象 > 路径 > 分割为网格"命令，弹出"分割为网格"对话框，如图 3-121 所示。在对话框的"行"选项组中，"数量"选项用于设置对象的行数，"高度"选项用于设置每个矩形的高度，"栏间距"选项用于设置矩形的行间距，"总计"选项用于设置所有矩形组的高度；在"列"选项组中，"数量"选项用于设置对象的列数，"宽度"选项用于设置矩形的宽度，"间距"选项用于设置矩形的列间距，"总计"选项用于设置矩形组的宽度。单击"确定"按钮，效果如图 3-122 所示。

图 3-120　　　　　　　图 3-121　　　　　　　　　图 3-122

3.4.10　使用"清理"命令

"清理"命令可以为当前的文档删除 3 种多余的对象：游离点、未上色对象和空文本路径。

选择"对象 > 路径 > 清理"命令，弹出"清理"对话框，如图 3-123 所示。在对话框中，勾选"游离点"复选框，可以删除所有的游离点。游离点是一些有路径属性但不能打印的点，使用钢笔工具绘制图形时，有时会产生游离点。勾选"未上色对象"复选框，可以删除所有没有填充色和笔画色的对象，但不能删除蒙版对象。勾选"空文本路径"复选框，可以删除所有没有字符的文本路径。

设置完成后，单击"确定"按钮，系统将会自动清理当前文档。如果文档中没有上述类型的对象，就会弹出一个提示对话框，提示当前文档不需要清理，如图 3-124 所示。

图 3-123

图 3-124

课堂练习——绘制婴儿贴

【练习知识要点】使用多边形工具和圆角命令制作婴儿贴底部，使用偏移路径命令创建外部路径，使用椭圆工具和简化命令制作腮红，使用文字工具添加文字，效果如图 3-125 所示。

【效果所在位置】Ch03\效果\绘制婴儿贴.ai。

图 3-125

课后习题——绘制节能环保插画

【习题知识要点】使用矩形工具绘制背景底图，使用钢笔工具、圆角矩形工具、椭圆工具和旋转工具制作灯泡、花盆和茎叶，使用圆角矩形工具和旋转复制命令制作发光效果，如图 3-126 所示。

【效果所在位置】Ch03\效果\绘制节能环保插画.ai。

图 3-126

第4章 对象的组织

本章介绍

本章主要讲解对齐和分布对象、调整对象和图层的顺序、将对象编组，以及锁定与隐藏对象等内容。通过对本章内容的学习，读者可以学会对齐、分布、组合和控制多个对象的方法。

学习目标

- 掌握对齐与分布对象的方法。
- 掌握调整对象与图层顺序的方法。
- 掌握对象的编组方法。
- 掌握锁定和隐藏对象的技巧。

技能目标

- 掌握"小汽车图标"的绘制方法。
- 掌握"卡通画"的绘制方法。

4.1 对象的对齐和分布

应用"对齐"控制面板可以快速地对齐或分布多个对象。选择"窗口 > 对齐"命令，弹出"对齐"控制面板，如图 4-1 所示。单击控制面板右上方的 ▼≣ 图标，在弹出的菜单中选择"显示选项"命令，面板中就会显示出"分布间距"选项组，如图 4-2 所示。

图 4-1　　　　　　　图 4-2

功能介绍

对齐命令：应用"对齐"控制面板可以快速地对齐或分布多个对象。

4.1.1　课堂案例——绘制小汽车图标

【案例学习目标】使用图形工具和对齐控制面板绘制小汽车图标。

【案例知识要点】使用图形工具绘制小汽车，使用文字工具添加文字，使用对齐控制面板对齐画面中的对象，效果如图 4-3 所示。

【效果所在位置】Ch04\效果\绘制小汽车图标.ai。

图 4-3

（1）按 Ctrl+N 组合键，新建一个文档，设置文档的宽度为 100mm，高度为 100mm，颜色模式为 CMYK。

（2）选择矩形工具 ▣，按住 Shift 键的同时，在适当的位置绘制一个正方形，设置图形填充色为咖啡色（其 C、M、Y、K 的值分别为 73、81、79、59），填充图形，并设置描边色为无，效果如图 4-4 所示。

（3）选择矩形工具 ▣，按住 Shift 键的同时，在适当的位置绘制一个正方形，设置图形描边色为橘色（其 C、M、Y、K 的值分别为 7、32、82、0），填充描边，并设置填充色为无，效果如图 4-5 所示。

（4）选择圆角矩形工具 ▣，在页面外单击，弹出"圆角矩形"对话框，设置如图 4-6 所示，单击

"确定"按钮，得到一个圆角矩形，并将其拖曳到页面中适当的位置。设置图形填充色为黄色（其 C、M、Y、K 的值分别为 4、28、87、0），填充图形，并设置描边色为无，效果如图 4-7 所示。

图 4-4　　　　　　　图 4-5　　　　　　　图 4-6　　　　　　　图 4-7

（5）选择直接选择工具，选取需要的锚点，如图 4-8 所示，将其向右拖曳到适当的位置，效果如图 4-9 所示。用相同的方法拖曳其他锚点到适当的位置，效果如图 4-10 所示。

图 4-8　　　　　　　图 4-9　　　　　　　图 4-10

（6）选择圆角矩形工具，在页面外单击，弹出"圆角矩形"对话框，设置如图 4-11 所示，单击"确定"按钮，得到一个圆角矩形，并将其拖曳到页面中适当的位置。设置图形填充色为黄色（其 C、M、Y、K 的值分别为 4、28、87、0），填充图形，并设置描边色为无，效果如图 4-12 所示。

（7）选择矩形工具，在页面外单击，弹出"矩形"对话框，设置如图 4-13 所示，单击"确定"按钮，得到一个矩形，并将其拖曳到页面中适当的位置。设置图形填充色为黄色（其 C、M、Y、K 的值分别为 4、28、87、0），填充图形，并设置描边色为无，效果如图 4-14 所示。

图 4-11　　　　　　　图 4-12　　　　　　　图 4-13　　　　　　　图 4-14

（8）选择直接选择工具，选取需要的锚点，如图 4-15 所示，将其向右拖曳到适当的位置，效果如图 4-16 所示。用相同的方法拖曳其他锚点到适当的位置，效果如图 4-17 所示。

图 4-15　　　　　　　图 4-16　　　　　　　图 4-17

（9）选择矩形工具 ，在适当的位置绘制矩形，设置图形填充色为黄色（其 C、M、Y、K 的值分别为 4、28、87、0），填充图形，并设置描边色为无，效果如图 4-18 所示。选择选择工具 ，按住 Shift+Alt 组合键的同时，水平向右拖曳图形到适当的位置，复制图形，效果如图 4-19 所示。

（10）选择椭圆工具 ，在适当的位置绘制椭圆形，设置图形填充色为黄色（其 C、M、Y、K 的值分别为 4、28、87、0），填充图形，并设置描边色为无，效果如图 4-20 所示。选择选择工具 ，按住 Shift+Alt 组合键的同时，水平向右拖曳图形到适当的位置，复制图形，效果如图 4-21 所示。

图 4-18　　　　　　　　图 4-19　　　　　　　　图 4-20　　　　　　　　图 4-21

（11）选择选择工具 ，按住 Shift 键的同时，将绘制的图形同时选取，如图 4-22 所示。选择"窗口 > 路径查找器"命令，弹出"路径查找器"控制面板，单击"联集"按钮 ，如图 4-23 所示，生成新对象，效果如图 4-24 所示。

图 4-22　　　　　　　　　图 4-23　　　　　　　　　图 4-24

（12）选择圆角矩形工具 ，在页面外单击，弹出"圆角矩形"对话框，设置如图 4-25 所示，单击"确定"按钮，得到一个圆角矩形，并将其拖曳到页面中适当的位置。填充图形为黑色，并设置描边色为无，效果如图 4-26 所示。

图 4-25　　　　　　　　　图 4-26

（13）选择直接选择工具 ，选取需要的锚点，如图 4-27 所示，将其向右拖曳到适当的位置，效果如图 4-28 所示。用相同的方法拖曳其他锚点到适当的位置，效果如图 4-29 所示。

图 4-27 　　　　　　　　图 4-28 　　　　　　　　图 4-29

（14）选择圆角矩形工具 ，在适当的位置绘制圆角矩形，填充图形为黑色，并设置描边色为无，效果如图 4-30 所示。选择选择工具 ，按住 Shift+Alt 组合键的同时，水平向下拖曳图形到适当的位置，复制图形，效果如图 4-31 所示。按 Ctrl+D 组合键，按需要再复制 2 个图形，效果如图 4-32 所示。

（15）选择椭圆工具 ，按住 Shift 键的同时，在适当的位置绘制圆形，填充图形为黑色，并设置描边色为无，效果如图 4-33 所示。

图 4-30 　　　　　　图 4-31 　　　　　　图 4-32 　　　　　　图 4-33

（16）选择选择工具 ，按住 Shift+Alt 组合键的同时，向右拖曳图形，将其复制，效果如图 4-34 所示。按住 Shift 键的同时，单击所需图形，将图形选取，按 Ctrl+G 组合键，将图形编组，效果如图 4-35 所示。

（17）选择星形工具 ，按住 Shift 键的同时，在适当的位置绘制星形，填充图形为白色，并设置描边色为无，效果如图 4-36 所示。选择选择工具 ，按住 Shift+Alt 组合键的同时，向右拖曳图形到适当的位置，复制图形，效果如图 4-37 所示。

图 4-34 　　　　　　图 4-35 　　　　　　图 4-36 　　　　　　图 4-37

（18）选择文字工具 ，在适当的位置分别输入需要的文字，选择选择工具 ，在属性栏中选择合适的字体并设置文字大小，效果如图 4-38 所示。

（19）选择选择工具 ，按住 Shift 键的同时，将文字与图形同时选取，单击属性栏中的"水平居中对齐"按钮 ，将文字水平居中对齐，效具如图 4-39 所示。

（20）选择选择工具 ，按住 Shift 键的同时，选中星形与汽车，单击属性栏中的"垂直居中对齐"按钮 ，对齐效果如图 4-40 所示。小汽车图标绘制完成，效果如图 4-41 所示。

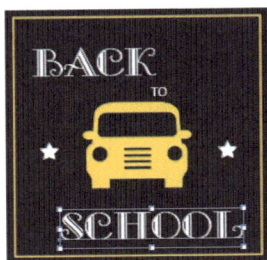

图 4-38   图 4-39   图 4-40   图 4-41

4.1.2　对齐对象

"对齐"控制面板的"对齐对象"选项组中包括 6 个对齐命令按钮："水平左对齐"按钮▣、"水平居中对齐"按钮▣、"水平右对齐"按钮▣、"垂直顶对齐"按钮▣、"垂直居中对齐"按钮▣和"垂直底对齐"按钮▣。

1．水平左对齐

以最左边对象的左边线为基准线，被选中对象的左边缘都和这条线对齐（最左边对象的位置不变）。

选取要对齐的对象，如图 4-42 所示。单击"对齐"控制面板中的"水平左对齐"按钮▣，选取的对象都将向左对齐，如图 4-43 所示。

2．水平居中对齐

以选定对象的中点为基准点对齐，所有对象在垂直方向的位置保持不变（多个对象进行水平居中对齐时，以中间对象的中点为基准点进行对齐，中间对象的位置不变）。

选取要对齐的对象，如图 4-44 所示。单击"对齐"控制面板中的"水平居中对齐"按钮▣，选取的对象都将水平居中对齐，如图 4-45 所示。

图 4-42   图 4-43   图 4-44   图 4-45

3．水平右对齐

以最右边对象的右边线为基准线，被选中对象的右边缘都和这条线对齐（最右边对象的位置不变）。

选取要对齐的对象，如图 4-46 所示。单击"对齐"控制面板中的"水平右对齐"按钮▣，选取的对象都将水平向右对齐，如图 4-47 所示。

4．垂直顶对齐

以多个要对齐对象中最上面对象的上边线为基准线，选定对象的上边线都和这条线对齐（最上面对象的位置不变）。

选取要对齐的对象，如图 4-48 所示。单击"对齐"控制面板中的"垂直顶对齐"按钮，选取的对象都将向上对齐，如图 4-49 所示。

| 图 4-46 | 图 4-47 | 图 4-48 | 图 4-49 |

5．垂直居中对齐

以多个要对齐对象的中点为基准点进行对齐，将所有对象进行垂直移动，水平方向上的位置不变（多个对象进行垂直居中对齐时，以中间对象的中点为基准点进行对齐，中间对象的位置不变）。

选取要对齐的对象，如图 4-50 所示。单击"对齐"控制面板中的"垂直居中对齐"按钮，选取的对象都将垂直居中对齐，如图 4-51 所示。

6．垂直底对齐

以多个要对齐对象中最下面对象的下边线为基准线，选定对象的下边线都和这条线对齐（最下面对象的位置不变）。

选取要对齐的对象，如图 4-52 所示。单击"对齐"控制面板中的"垂直底对齐"按钮，选取的对象都将垂直向底对齐，如图 4-53 所示。

| 图 4-50 | 图 4-51 | 图 4-52 | 图 4-53 |

4.1.3　分布对象

"对齐"控制面板中的"分布对象"选项组包括 6 个分布命令按钮："垂直顶分布"按钮、"垂直居中分布"按钮、"垂直底分布"按钮、"水平左分布"按钮、"水平居中分布"按钮和"水平右分布"按钮▐▌。

1. 垂直顶分布

以每个选取对象的上边线为基准线，使对象按相等的间距垂直分布。

选取要分布的对象，如图 4-54 所示。单击"对齐"控制面板中的"垂直顶分布"按钮▤，选取的对象将按各自的上边线，等距离垂直分布，如图 4-55 所示。

2. 垂直居中分布

以每个选取对象的中线为基准线，使对象按相等的间距垂直分布。

选取要分布的对象，如图 4-56 所示。单击"对齐"控制面板中的"垂直居中分布"按钮▤，选取的对象将按各自的中线，等距离垂直分布，如图 4-57 所示。

图 4-54　　　　图 4-55　　　　图 4-56　　　　图 4-57

3. 垂直底分布

以每个选取对象的下边线为基准线，使对象按相等的间距垂直分布。

选取要分布的对象，如图 4-58 所示。单击" 对齐"控制面板中的"垂直底分布"按钮▤，选取的对象将按各自的下边线，等距离垂直分布，如图 4-59 所示。

4. 水平左分布

以每个选取对象的左边线为基准线，使对象按相等的间距水平分布。

选取要分布的对象，如图 4-60 所示。单击"对齐"控制面板中的"水平左分布"按钮▐▌，选取的对象将按各自的左边线，等距离水平分布，如图 4-61 所示。

图 4-58　　　　图 4-59　　　　图 4-60　　　　图 4-61

5. 水平居中分布

以每个选取对象的中线为基准线，使对象按相等的间距水平分布。

选取要分布的对象，如图 4-62 所示。单击"对齐"控制面板中的"水平居中分布"按钮▐▌，选取的对象将按各自的中线，等距离水平分布，如图 4-63 所示。

6．水平右分布

以每个选取对象的右边线为基准线，使对象按相等的间距水平分布。

选取要分布的对象，如图 4-64 所示。单击"对齐"控制面板中的"水平右分布"按钮，选取的对象将按各自的右边线，等距离水平分布，如图 4-65 所示。

图 4-62   图 4-63   图 4-64   图 4-65

4.1.4 分布间距

要精确指定对象间的距离，需选择"对齐"控制面板中的"分布间距"选项组，其中包括"垂直分布间距"按钮和"水平分布间距"按钮。

1．垂直分布间距

在"对齐"控制面板下方的数值框中将距离设置为 10mm，如图 4-66 所示。

选取要对齐的多个对象，如图 4-67 所示。单击被选取对象中的任意一个对象，该对象将作为其他对象进行分布时的参照。如图 4-68 所示，在图例中单击中间的面包图像作为参照对象。

图 4-66

单击"对齐"控制面板中的"垂直分布间距"按钮，如图 4-69 所示。所有被选取的对象将以面包图像作为参照，按设置的数值等距离垂直分布，效果如图 4-70 所示。

图 4-67   图 4-68   图 4-69   图 4-70

2．水平分布间距

在"对齐"控制面板下方的数值框中将距离设置为 3mm，如图 4-71 所示。

选取要对齐的对象，如图 4-72 所示。单击被选取对象中的任意一个对象，该对象将作为其他对象进行分布时的参照。如图 4-73 所示，在图例中单击中

图 4-71

间的面包图像作为参照对象。

单击"对齐"控制面板中的"水平分布间距"按钮 ，如图 4-74 所示。所有被选取的对象将以面包图像作为参照，按设置的数值等距离水平分布，效果如图 4-75 所示。

图 4-72　　　　　图 4-73　　　　　　　图 4-74　　　　　　　图 4-75

4.1.5　用网格对齐对象

选择 "视图 > 显示网格"命令（快捷键为 Ctrl+"），页面上会显示出网格，如图 4-76 所示。

按住鼠标左键向左拖曳中间的福袋图像,使福袋图像的左边线和上方花瓶图像的左边线垂直对齐,如图 4-77 所示。按住鼠标左键向左拖曳下方的面包房图像,使面包房图像的左边线和上方面包图像的右边线垂直对齐，如图 4-78 所示。全部对齐后的效果如图 4-79 所示。

图 4-76　　　　　图 4-77　　　　　　　图 4-78　　　　　　　图 4-79

4.1.6　用辅助线对齐对象

选择 "视图 > 标尺 > 显示标尺"命令（快捷键为 Ctrl+R ），如图 4-80 所示，页面上会显示出标尺，如图 4-81 所示。

选择选择工具 ，单击页面左侧的标尺，按住鼠标左键不放并向右拖曳，拖曳出一条垂直的辅助线，将辅助线放在要对齐对象的左边线上，如图 4-82 所示。

图 4-80

按住鼠标左键不放向左拖曳福袋图像，使福袋图像的左边线和花瓶图像的左边线垂直对齐，如图 4-83 所示。释放鼠标，对齐后的效果如图 4-84 所示。

图 4-81　　　　　　图 4-82　　　　　　图 4-83　　　　　　图 4-84

4.2　对象和图层的顺序

对象之间存在着堆叠的关系，后绘制的对象一般显示在先绘制的对象之上。在实际操作中，可以根据需要改变对象之间的堆叠顺序。通过改变图层的排列顺序也可以改变对象的排序。

4.2.1　对象的顺序

选择"对象 > 排列"命令，弹出其子菜单，其中包括 5 个命令：置于顶层、前移一层、后移一层、置于底层和发送至当前图层。使用这些命令可以改变图形对象的排序。对象堆叠的效果如图 4-85 所示。

选中要排序的对象，单击鼠标右键，在弹出的快捷菜单中选择"排列"命令，也可以对对象进行排序。

图 4-85

1．置于顶层

将选取的对象移到所有对象的顶层。选取要移动的对象，如图 4-86 所示。单击鼠标右键，弹出其快捷菜单，在"排列"命令的子菜单中选择"置于顶层"命令，对象将排到顶层，效果如图 4-87 所示。

2．前移一层

将选取的对象向前移动一层。选取要移动的对象，如图 4-88 所示。单击鼠标右键，弹出其快捷菜单，在"排列"命令的子菜单中选择"前移一层"命令，对象将向前移动一层，效果如图 4-89 所示。

图 4-86　　　　　　图 4-87　　　　　　图 4-88　　　　　　图 4-89

3．后移一层

将选取的对象向后移动一层。选取要移动的对象，如图 4-90 所示。单击鼠标右键，弹出其快捷菜单，在"排列"命令的子菜单中选择"后移一层"命令，对象将向后移动一层，效果如图 4-91 所示。

4．置于底层

将选取的对象移到所有对象的底层。选取要移动的对象，如图 4-92 所示。单击鼠标右键，弹出其快捷菜单，在"排列"命令的子菜单中选择"置于底层"命令，对象将排到最后面，效果如图 4-93 所示。

图 4-90   图 4-91   图 4-92   图 4-93

5．发送至当前图层

选择"图层"控制面板，在"图层 1"上新建"图层 2"，如图 4-94 所示。选取要发送到当前图层的对象，如图 4-95 所示，这时"图层 1"变为当前图层，如图 4-96 所示。

图 4-94   图 4-95   图 4-96

单击"图层 2"，使"图层 2"成为当前图层，如图 4-97 所示。单击鼠标右键，弹出其快捷菜单，在"排列"命令的子菜单中选择"发送至当前图层"命令，所选对象被发送到当前图层，即"图层 2"中，页面效果如图 4-98 所示，"图层"控制面板如图 4-99 所示。

图 4-97   图 4-98   图 4-99

4.2.2　使用图层控制对象

1．通过改变图层的排列顺序改变对象的排序

页面中对象的排列顺序如图 4-100 所示。在"图层"控制面板中，图层的排列顺序如图 4-101 所示。彩虹在"图层 1"中，红色心形在"图层 2"中，纸袋在"图层 3"中，橘色心形在"图层 4"中。

在 "图层" 控制面板中，图层的排序越靠上，该图层中包含的图像在页面中的排列顺序越靠前。

选中 "图层 4" 并按住鼠标左键不放，将 "图层 4" 向下拖曳至 "图层 2" 的下方，如图 4-102 所示。释放鼠标后，图像效果如图 4-103 所示。

| 图 4-100 | 图 4-101 | 图 4-102 | 图 4-103 |

2. 在图层之间移动对象

选取要移动的对象，如图 4-104 所示。"图层 4" 的右侧出现一个彩色小方块，如图 4-105 所示。将小方块拖曳到 "图层 3" 上，如图 4-106 所示。

| 图 4-104 | 图 4-105 | 图 4-106 |

释放鼠标后，"图层 4" 中相应的对象随着 "图层" 控制面板中彩色小方块的移动，移动到了 "图层 3" 中对象的前面。移动后，"图层" 控制面板如图 4-107 所示，图像效果如图 4-108 所示。

| 图 4-107 | 图 4-108 |

4.3　编组

在绘制图形的过程中，可以将多个图形进行编组，从而组合成一个图形组，还可以将多个图形组组合成一个新的图形组。

功能介绍

编组命令：可以将多个对象组合在一起，使其成为一个对象。

4.3.1　课堂案例——绘制卡通画

【案例学习目标】使用绘图工具和编组命令绘制卡通画。

【案例知识要点】使用矩形工具、椭圆工具和路径查找器命令绘制边框，使用椭圆工具和钢笔工具绘制装饰图形，使用文字工具添加文字，效果如图 4-109 所示。

【效果所在位置】Ch04\效果\绘制卡通画.ai。

图 4-109

（1）按 Ctrl+N 组合键，新建一个文档，设置文档的宽度为 80mm，高度为 100mm，取向为竖向，颜色模式为 CMYK。

（2）选择矩形工具 ，在页面中绘制一个矩形，如图 4-110 所示。设置图形填充色为浅棕色（其 C、M、Y、K 的值分别为 15、20、45、15），填充图形，并设置描边色为无，效果如图 4-111 所示。选择椭圆工具 ，按住 Shift 键的同时，在矩形下方绘制一个圆形，如图 4-112 所示。

图 4-110　　　　　　　　图 4-111　　　　　　　　图 4-112

（3）选择选择工具 ，按住 Alt+Shift 组合键的同时，水平向右拖曳圆形到适当的位置，复制圆形，如图 4-113 所示。连续按 Ctrl+D 组合键，复制出多个圆形，效果如图 4-114 所示。选择选择工具 ，将下方的圆形同时选取，按住 Alt+Shift 组合键的同时，垂直向上拖曳圆形到适当的位置，复制圆形，如图 4-115 所示。

图 4-113　　　　　　　　图 4-114　　　　　　　　图 4-115

（4）选择选择工具 ，将所有的图形同时选取，如图 4-116 所示。选择"窗口 ＞ 路径查找器"命令，弹出"路径查找器"控制面板，单击"减去顶层"按钮 ，剪切后的效果如图 4-117 所示。用相同的方法制作左右两侧的效果，如图 4-118 所示。

图 4-116　　　　　　　　图 4-117　　　　　　　　图 4-118

（5）选择矩形工具 ，在适当的位置绘制一个矩形，设置图形填充色为白色（其 C、M、Y、K 的值分别为 5、0、5、0），并设置描边色为无，效果如图 4-119 所示。选择选择工具 ，将两个图形同时选取，按 Shift+F7 组合键，弹出"对齐"控制面板，单击"水平居中对齐"按钮 和"垂直居中对齐"按钮 ，对齐后的效果如图 4-120 所示。选择椭圆工具 ，在页面中绘制多个椭圆形，效果如图 4-121 所示。

图 4-119　　　　　　　　图 4-120　　　　　　　　图 4-121

（6）选择选择工具 ，将所有椭圆形同时选取，如图 4-122 所示，在"路径查找器"控制面板中单击"联集"按钮 ，剪切后的效果如图 4-123 所示。设置图形填充色为浅黄色（其 C、M、Y、K 的值分别为 7、0、30、0），并设置描边色为无，效果如图 4-124 所示。

图 4-122　　　　　　　　图 4-123　　　　　　　　图 4-124

（7）选择椭圆工具◯，按住 Shift 键的同时，在矩形下方绘制一个圆形，设置图形填充色为橘色（其 C、M、Y、K 的值分别为 11、42、93、0），并设置描边色为无，效果如图 4-125 所示。选择钢笔工具✍，在适当的位置绘制图形，并填充与圆形相同的颜色，效果如图 4-126 所示。选择旋转工具↻，按住 Alt 键的同时，在圆形中心拖曳鼠标，移动旋转中心，如图 4-127 所示。

图 4-125　　　　　　　　图 4-126　　　　　　　　图 4-127

（8）释放鼠标，弹出"旋转"对话框，选项的设置如图 4-128 所示，单击"复制"按钮，效果如图 4-129 所示。连续按 Ctrl+D 组合键，复制出多个图形，效果如图 4-130 所示。选择选择工具▶，按住 Shift 键的同时，将需要的图形同时选取，按 Ctrl+G 组合键，将图形编组，如图 4-131 所示。

图 4-128　　　　　　　　图 4-129　　　　　　　　图 4-130　　　　　　　　图 4-131

（9）选择钢笔工具✍，在适当的位置绘制图形，如图 4-132 所示。设置图形填充色为棕色（其 C、M、Y、K 的值分别为 54、60、80、12），填充图形，并设置描边色为无，效果如图 4-133 所示。

（10）选择钢笔工具✍，在适当的位置再次绘制图形，如图 4-134 所示。设置图形填充色为绿色（其 C、M、Y、K 的值分别为 73、20、100、35），填充图形；设置描边色为深绿色（其 C、M、Y、

K 的值分别为 76、50、100、39），填充描边。效果如图 4-135 所示。用相同的方法绘制图形，并填充
适当的填充色和描边色，效果如图 4-136 所示。

图 4-132　　　　图 4-133　　　　图 4-134　　　　图 4-135　　　　图 4-136

（11）选择椭圆工具 ⬭，在适当的位置绘制椭圆形。设置图形填充色为咖啡色（其 C、M、Y、K
的值分别为 65、70、85、40），描边色为无，并旋转到适当的角度，效果如图 4-137 所示。用相同的
方法再绘制一个椭圆形，并填充适当的颜色，效果如图 4-138 所示。选择选择工具 ⬈，将所有图形同
时选取，按 Ctrl+G 组合键，将图形编组，如图 4-139 所示，并将编组图形拖曳到适当的位置，效果如
图 4-140 所示。

图 4-137　　　　　图 4-138　　　　　图 4-139　　　　　图 4-140

（12）选择选择工具 ⬈，复制图形并调整其大小，如图 4-141 所示。连续按 Ctrl+ [组合键，后移
图形，效果如图 4-142 所示。选择椭圆工具 ⬭，在适当的位置绘制椭圆形，设置图形填充色为橘色（其
C、M、Y、K 的值分别为 12、50、100、0），并设置描边色为无，如图 4-143 所示。用相同的方法再
绘制一个椭圆形，并填充适当的颜色，效果如图 4-144 所示。

图 4-141　　　　　　图 4-142　　　　　　图 4-143　　　　　　图 4-144

（13）选择选择工具 ⬈，将两个椭圆形同时选取，选择"对象 > 混合 > 混合选项"命令，在弹

出的"混合选项"对话框中进行设置，如图 4-145 所示，设置完成后单击"确定"按钮。选择"对象 >
混合 > 建立"命令，建立混合，效果如图 4-146 所示。连续按 Ctrl+ [组合键，后移混合图形，效果
如图 4-147 所示。卡通画绘制完成，效果如图 4-148 所示。

图 4-145　　　　　　图 4-146　　　　　　图 4-147　　　　　　图 4-148

4.3.2　"编组"命令的使用

使用"编组"命令可以将多个对象组合在一起，使其成为一个对象。编组之后，单击任何一个对
象，其他对象都会被一起选取。

1．创建组合

选取要编组的对象，如图 4-149 所示，选择"对象 > 编组"命令（快捷键为 Ctrl+G），将选取的
对象组合，此时选择其中的任何一个对象，其他的对象也会同时被选取，如图 4-150 所示。

将多个对象组合后，其外观并没有变化，当对任何一个对象进行编辑时，其他对象也随之发生相
应的变化。如果需要单独编辑组合中的个别对象，而不改变其他对象的状态，可以应用编组选择工具 🔧
进行选取。选择编组选择工具 🔧，按住鼠标左键不放，将要移动的对象拖曳到合适的位置，效果如图
4-151 所示，其他的对象并没有变化。

图 4-149　　　　　　　图 4-150　　　　　　　图 4-151

> **提示**　"编组"命令还可以将几个不同的组合进行进一步的组合，或在组合与对象之间进行进一步
> 的组合。在几个组之间进行组合时，原来的组合并没有消失，它与新得到的组合是嵌套的关系。组合
> 不同图层上的对象，组合后所有的对象将自动移动到最上边对象的图层中，并形成组合。

2．取消组合

选取要取消组合的对象，如图 4-152 所示。选择"对象 > 取消编组"命令（快捷键为 Shift+Ctrl+G），

可以取消组合的对象。取消组合后的对象，可通过单击选取任意一个对象，如图 4-153 所示。

图 4-152   图 4-153

进行一次"取消编组"命令只能取消一层组合。例如，两个组合使用"编组"命令得到一个新的组合，应用"取消编组"命令取消这个新组合后，得到两个原始的组合。

4.4 控制对象

在 Illustrator CS6 中，控制对象的方法灵活有效，包括锁定和解锁对象、隐藏和显示对象等。

4.4.1 锁定对象

锁定对象可以防止操作时误选对象，也可以防止当多个对象重叠在一起而只选择一个对象时，其他对象连带被选取。

锁定对象包括 3 个部分：所选对象、上方所有图稿和其他图层。

1. 锁定所选对象

选取要锁定的蓝色糖果，如图 4-154 所示。选择"对象 > 锁定 > 所选对象"命令（快捷键为 Ctrl+2），将蓝色糖果锁定。锁定后，当其他对象移动时，蓝色糖果不会随之移动，如图 4-155 所示。

2. 锁定上方所有图稿

选取绿色糖果，如图 4-156 所示。选择 "对象 > 锁定 > 上方所有图稿"命令，绿色糖果之上的蓝色糖果和黄色糖果则被锁定。当移动绿色糖果的时候,蓝色糖果和黄色糖果不会随之移动，如图 4-157 所示。

   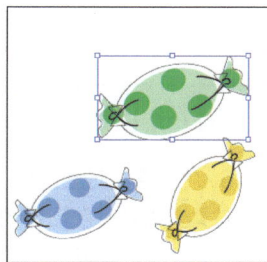

图 4-154   图 4-155   图 4-156   图 4-157

3. 锁定其他图层

蓝色糖果、绿色糖果和黄色糖果分别在不同的图层中，如图 4-158 所示。选取绿色糖果，如图 4-159

所示。选择"对象 > 锁定 > 其他图层"命令，在"图层"控制面板中，除了绿色糖果所在的图层，其他图层都被锁定了。被锁定图层的左边将会出现一个锁头图标 🔒，如图 4-160 所示。锁定图层中的对象在页面中也被锁定了。

图 4-158　　　　　　　　　图 4-159　　　　　　　　　图 4-160

4．解除锁定

选择"对象 > 全部解锁"命令（快捷键为 Alt +Ctrl+2），被锁定的对象就会被取消锁定。

4.4.2　隐藏对象

在 Illustrator 中编辑对象时，可以将已经做好的对象隐藏起来，避免妨碍其他对象的编辑。

隐藏对象包括 3 个部分：所选对象、上方所有图稿和其他图层。

1．隐藏所选对象

选取要隐藏的对象，如图 4-161 所示。选择"对象 > 隐藏 > 所选对象"命令（快捷键为 Ctrl+3），则绿色图形被隐藏起来，效果如图 4-162 所示。

2．隐藏上方所有图稿

选取不要隐藏的对象，如图 4-163 所示。选择"对象 > 隐藏 > 上方所有图稿"命令，绿色糖果之上的蓝色糖果和黄色糖果则被隐藏，如图 4-164 所示。

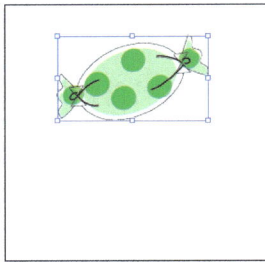

图 4-161　　　　　　图 4-162　　　　　　图 4-163　　　　　　图 4-164

3．隐藏其他图层

选取不需要隐藏的图层上的对象，如图 4-165 所示。选择"对象 > 隐藏 > 其他图层"命令，在"图层"控制面板中，除了黄色糖果所在的图层，其他图层都被隐藏了，即眼睛图标消失，如图 4-166 所示。其他图层中的对象在页面中也被隐藏了，效果如图 4-167 所示。

图 4-165   图 4-166   图 4-167

4．显示所有对象

当对象被隐藏后，选择"对象 > 显示全部"命令（快捷键为 Alt +Ctrl+3），所有的对象将会被显示出来。

课堂练习——绘制热气球插画

【练习知识要点】使用矩形工具绘制背景底图，使用椭圆工具、路径查找器面板和矩形工具绘制云图形，使用椭圆工具和圆角矩形工具绘制热气球图形，使用编组命令对图形进行编组，效果如图 4-168 所示。

【效果所在位置】Ch04\效果\绘制热气球插画.ai。

图 4-168

课后习题——制作杂志封面

【习题知识要点】使用置入命令置入封面图片，使用文字工具、描边命令和投影命令编辑文字，使用对齐命令将文字对齐，效果如图 4-169 所示。

【素材所在位置】Ch04\素材\制作杂志封面\01。

【效果所在位置】Ch04\效果\制作杂志封面.ai。

图 4-169

第5章 颜色填充与描边

本章介绍

本章将介绍 Illustrator CS6 中填充工具和命令的使用方法，以及描边和符号的添加和编辑技巧。通过对本章的学习，读者可以利用颜色填充和描边功能，绘制出漂亮的图形效果，还可将需要重复应用的图形制作成符号，以提高工作效率。

学习目标

● 了解 3 种色彩模式的区别与应用。

● 掌握不同的填充方法和技巧。

● 掌握编辑描边和使用符号的技巧。

技能目标

● 掌握"休闲时光插画"的绘制方法。

● 掌握"礼物卡"的绘制方法。

● 掌握"自然风景插画"的绘制方法。

5.1　色彩模式

Illustrator CS6 提供了 RGB、CMYK、Web 安全 RGB、HSB 和灰度 5 种色彩模式。最常用的是 CMYK 模式和 RGB 模式，其中 CMYK 是默认的色彩模式。

5.1.1　RGB 模式

RGB 模式源于有色光的三原色原理。它是一种加色模式，就是通过红、绿、蓝 3 种颜色相叠加而产生更多的颜色。同时，RGB 也是色光的色彩模式。在编辑图像时，建议选择 RGB 色彩模式。因为它可以提供全屏幕的多达 24 位的色彩范围。RGB 模式的"颜色"控制面板如图 5-1 所示，可以在控制面板中设置 RGB 颜色。

图 5-1

5.1.2　CMYK 模式

CMYK 模式主要应用在印刷领域。它通过反射某些颜色的光并吸收另外一些颜色的光来产生不同的颜色，是一种减色模式。CMYK 代表了印刷上用的 4 种油墨：C 代表青色，M 代表洋红色，Y 代表黄色，K 代表黑色。CMYK 模式的"颜色"控制面板如图 5-2 所示，可以在控制面板中设置 CMYK 颜色。

CMYK 模式是图片、插图等最常用的一种印刷方式。在印刷中通常要进行四色分色，出四色胶片，然后进行印刷。

图 5-2

5.1.3　灰度模式

灰度图又叫 8 位深度图。每个像素用 8 个二进制位表示，能产生 2^8 级（即 256 级）灰色调。当一个彩色文件被转换为灰度模式的文件时，所有的颜色信息都将从文件中丢失。

灰度模式的图像中存在 256 种灰度级，灰度模式只有 1 个亮度调节滑块，0 代表白色，100 代表黑色。灰度模式经常应用在成本相对较低的黑白印刷中。另外，将彩色模式转换为双色调模式或位图模式时，必须先转换为灰度模式，然后由灰度模式转换为双色调模式或位图模式。灰度模式的"颜色"控制面板如图 5-3 所示，可以在其中设置灰度值。

图 5-3

5.2　颜色填充

Illustrator CS6 用于填充的内容包括"色板"控制面板中的单色对象、图案对象和渐变对象，以及"颜色"控制面板中的自定义颜色。另外，"色板库"提供了多种外挂的色谱、渐变对象和图案对象。

5.2.1　填充工具

应用工具箱中的填色和描边工具，可以指定所选对象的填充颜色和描边颜色。单击按钮（快捷键为 X），可以切换填色显示框和描边显示框的位置。按 Shift+X 组合键，可使选定对象的颜色在填充和描边填充之间切换。

填色和描边工具下面有 3 个按钮，分别是"颜色"按钮、"渐变"按钮和"无"按钮。

5.2.2　"颜色"控制面板

Illustrator 通过"颜色"控制面板设置对象的填充颜色。单击"颜色"控制面板右上方的图标，在弹出的菜单中选择当前取色时使用的颜色模式。无论选择哪一种颜色模式，控制面板中都将显示出相关的颜色内容，如图 5-4 所示。

选择　"窗口 > 颜色"命令，弹出"颜色"控制面板。"颜色"控制面板上的按钮用来进行填充颜色和描边颜色之间的切换，操作方法与工具箱中按钮的使用方法相同。

将鼠标指针移动到取色区域，鼠标指针变为吸管形状，单击就可以选取颜色。拖曳各个颜色滑块或在各个数值框中输入有效的数值，可以调配出更精确的颜色，如图 5-5 所示。

更改或设定对象的描边颜色时，单击选取已有的对象，在"颜色"控制面板中切换到描边颜色，选取或调配出新颜色，这时新选的颜色将被应用到当前选定对象的描边中，如图 5-6 所示。

图 5-4　　　　　　　　　　　　　图 5-5　　　　　　　　　　　　　图 5-6

5.2.3　"色板"控制面板

选择　"窗口 > 色板"命令，弹出"色板"控制面板，在"色板"控制面板中单击需要的颜色或样本，可以将其选中，如图 5-7 所示。

"色板"控制面板提供了多种颜色和图案，并且允许添加并存储自定义的颜色和图案。单击"显示色板类型菜单"按钮，可以使所有的样本显示出来；单击"新建颜色组"按钮，可以新建颜色组；单击"色板选项"按钮，可以打开"色板"选项对话框；"新建色板"按钮用于定义和新建新的样本；"删除色板"按钮可以将选定的样本从"色板"控制面板中删除。

绘制一个图形，单击填色按钮，如图 5-8 所示。选择"窗口 > 色板"命令，弹出"色板"控制面板，在"色板"控制面板中单击需要的颜色或图案，可以对图案内部进行填充，效果如图 5-9 所示。

图 5-7　　　　　　　　　　　　图 5-8　　　　　　　　　　　　图 5-9

　　选择"窗口 > 色板库"命令，可以调出更多的色板库。引入外部色板库，新增的多个色板库都将显示在同一个"色板"控制面板中。

　　"色板"控制面板左上角的方块标有斜红杠 ，表示无颜色填充。双击"色板"控制面板中的颜色缩略图 ，弹出"色板选项"对话框，可以设置其颜色属性，如图 5-10 所示。

　　单击"色板"控制面板右上方的 按钮，在弹出的下拉菜单中选择"新建色板"命令，如图 5-11 所示，可以将选中的某一颜色或样本添加到"色板"控制面板中；单击"新建色板"按钮，也可以将新的颜色或样本添加到"色板"控制面板中。

图 5-10　　　　　　　　　　　　　　　图 5-11

　　Illustrator CS6 除了"色板"控制面板中默认的样本外，其"色板库"中还提供了多种色板。选择"窗口 > 色板库"命令，或单击"色板"控制面板左下角的"色板库菜单"按钮 ，弹出一个菜单，其中包括不同的样本可供选择。当选择"窗口 > 色板库 > 其他库"命令时，弹出对话框，可以将其他文件中的色板样本、渐变样本和图案样本导入"色板"控制面板中。

　　Illustrator CS6 增强了"色板"面板的搜索功能，可以键入颜色名称或输入 CMYK 颜色值进行搜索。"查找栏"在默认情况下不启用，单击"色板"控制面板右上方的 按钮，在弹出的菜单中选择"显示查找栏位"命令，面板上方就会显示查找选项。

　　单击"打开 kuler 面板"按钮 ，弹出 kuler 面板，可以试用、创建和共享在项目中使用的颜色。

5.3　渐变填充

　　渐变填充是指两种或多种不同颜色在同一条直线上逐渐过渡填充。建立渐变填充有多种方法，可以使用渐变工具 ，也可以使用"渐变"控制面板和"颜色"控制面板来设置选定对象的渐变颜色，还可以使用"色板"控制面板中的渐变样本。

5.3.1 课堂案例——绘制休闲时光插画

【案例学习目标】使用文字工具、填充面板和渐变工具绘制休闲时光插画。

【案例知识要点】使用钢笔工具绘制图形，使用填充命令和渐变命令为图形填充颜色，使用文字工具制作装饰文字，效果如图 5-12 所示。

【效果所在位置】Ch05\效果\绘制休闲时光插画.ai。

1．绘制背景

（1）按 Ctrl+N 组合键，新建一个文档，设置文档的宽度为 150mm，高度为 150mm，取向为竖向，颜色模式为 CMYK。

图 5-12

（2）选择矩形工具 ▣，按住 Shift 键的同时，在页面中适当的位置绘制一个正方形。双击渐变工具 ▣，弹出"渐变"控制面板，在色带上设置 2 个渐变滑块，分别将渐变滑块的位置设置为 0、100，并设置 C、M、Y、K 的值分别为 0（44、4、0、0）、100（84、55、0、0），其他选项的设置如图 5-13 所示，图形被填充渐变色，并设置描边色为无，效果如图 5-14 所示。

（3）选择矩形工具 ▣，在页面中适当的位置绘制一个矩形。双击渐变工具 ▣，弹出"渐变"控制面板，在色带上设置 3 个渐变滑块，分别将渐变滑块的位置设置为 0、12、93，并设置 C、M、Y、K 的值分别为 0（32、0、1、0）、12（76、36、23、0）、93（50、18、0、0），其他选项的设置如图 5-15 所示，图形被填充渐变色，并设置描边色为无，效果如图 5-16 所示。

图 5-13

图 5-14

图 5-15

图 5-16

（4）选择钢笔工具 ✐，在适当的位置绘制一个图形。双击渐变工具 ▣，弹出"渐变"控制面板，在色带上设置 3 个渐变滑块，分别将渐变滑块的位置设置为 45、88、100，并设置 C、M、Y、K 的值分别为 45（0、6、8、0）、88（12、19、47、0）、100（55、56、78、5），其他选项的设置如图 5-17 所示，图形被填充渐变色，并设置描边色为无，效果如图 5-18 所示。

（5）选择钢笔工具 ✐，在适当的位置绘制一个图形。双击渐变工具 ▣，弹出"渐变"控制面板，在色带上设置 3 个渐变滑块，分别将渐变滑块的位置设置为 0、54、98，并设置 C、M、Y、K 的值分别为 0（0、6、8、0）、54（12、19、47、0）、98（24、47、56、0），其他选项的设置如图 5-19 所示，图形被填充渐变色，并设置描边色为无，效果如图 5-20 所示。

图 5-17   图 5-18   图 5-19   图 5-20

（6）选择钢笔工具 ，在适当的位置绘制一个图形。双击渐变工具 ，弹出"渐变"控制面板，在色带上设置 2 个渐变滑块，分别将渐变滑块的位置设置为 0、100，并设置 C、M、Y、K 的值分别为 0（0、6、8、0）、100（12、19、47、0），其他选项的设置如图 5-21 所示，图形被填充渐变色，并设置描边色为无，效果如图 5-22 所示。

（7）按 Ctrl+O 组合键，打开本书学习资源中的"Ch05 > 素材 > 绘制休闲时光插画 > 01"文件。按 Ctrl+A 组合键，全选图形，复制并将其粘贴到正在编辑的页面中，选择选择工具 ，将图形拖曳到适当的位置，效果如图 5-23 所示。

图 5-21   图 5-22   图 5-23

2．绘制杯子和云彩

（1）选择钢笔工具 ，在适当的位置绘制一个图形。双击渐变工具 ，弹出"渐变"控制面板，在色带上设置 2 个渐变滑块，分别将渐变滑块的位置设置为 0、100，并设置 C、M、Y、K 的值分别为 0（31、1、0、0）、100（5、4、4、0），其他选项的设置如图 5-24 所示，图形被填充渐变色，并设置描边色为无，效果如图 5-25 所示。

图 5-24   图 5-25

（2）选择钢笔工具 ![pen]，在适当的位置绘制一个图形。双击渐变工具 ![gradient]，弹出"渐变"控制面板，在色带上设置 2 个渐变滑块，分别将渐变滑块的位置设置为 0、98，并设置 C、M、Y、K 的值分别为 0（0、79、56、0）、98（36、100、83、2），其他选项的设置如图 5-26 所示，图形被填充渐变色，并设置描边色为无，效果如图 5-27 所示。

（3）选择钢笔工具 ![pen]，在适当的位置绘制一个图形。双击渐变工具 ![gradient]，弹出"渐变"控制面板，在色带上设置 2 个渐变滑块，分别将渐变滑块的位置设置为 0、100，并设置 C、M、Y、K 的值分别为 0（7、11、8、0）、100（40、63、50、0），其他选项的设置如图 5-28 所示，图形被填充渐变色，并设置描边色为无，效果如图 5-29 所示。

图 5-26　　　　　　　　图 5-27　　　　　　　　图 5-28　　　　　　　　图 5-29

（4）选择钢笔工具 ![pen]，在适当的位置绘制图形，填充图形为白色，并设置描边色为无，效果如图 5-30 所示。用相同的方法绘制其他图形，效果如图 5-31 所示。

（5）选择钢笔工具 ![pen]，在适当的位置绘制一个图形。双击渐变工具 ![gradient]，弹出"渐变"控制面板，在色带上设置 2 个渐变滑块，分别将渐变滑块的位置设置为 0、100，并设置 C、M、Y、K 的值分别为 0（0、60、17、0）、100（0、96、58、0），其他选项的设置如图 5-32 所示，图形被填充渐变色，并设置描边色为无，效果如图 5-33 所示。

图 5-30　　　　　　　　图 5-31　　　　　　　　图 5-32　　　　　　　　图 5-33

（6）选择钢笔工具 ![pen]，在适当的位置分别绘制图形，填充图形为白色，并设置描边色为无，效果如图 5-34 所示。

（7）选择钢笔工具 ![pen]，在适当的位置绘制图形，设置图形填充色为灰蓝色（其 C、M、Y、K 的值分别为 30、11、7、0），填充图形，并设置描边色为无，效果如图 5-35 所示。用相同的方法绘制其他图形，填充图形为白色，并设置描边色为无，效果如图 5-36 所示。

图 5-34　　　　　　图 5-35　　　　　　图 5-36

（8）选择钢笔工具 ，在适当的位置绘制一个图形。双击渐变工具 ，弹出"渐变"控制面板，在色带上设置 2 个渐变滑块，分别将渐变滑块的位置设置为 0、100，并设置 C、M、Y、K 的值分别为 0（36、20、8、0）、100（67、38、33、0），其他选项的设置如图 5-37 所示，图形被填充渐变色，并设置描边色为无，效果如图 5-38 所示。

图 5-37　　　　　　　　　　图 5-38

（9）选择钢笔工具 ，在适当的位置绘制一个图形。双击渐变工具 ，弹出"渐变"控制面板，在色带上设置 2 个渐变滑块，分别将渐变滑块的位置设置为 0、100，并设置 C、M、Y、K 的值分别为 0（2、32、68、0）、100（0、58、80、0）。其他选项的设置如图 5-39 所示，图形被填充渐变色，并设置描边色为无，效果如图 5-40 所示。

（10）选择钢笔工具 ，在适当的位置绘制图形，设置图形填充色为肉色（其 C、M、Y、K 的值分别为 5、20、19、0），填充图形，并设置描边色为无，效果如图 5-41 所示。

图 5-39　　　　　　图 5-40　　　　　　图 5-41

（11）用相同的方法绘制其他图形，效果如图 5-42 所示。选择钢笔工具 ，在适当的位置绘制图形，填充图形为白色，并设置描边色为无，效果如图 5-43 所示。用相同的方法绘制其他图形，设置图形填充色为灰色（其 C、M、Y、K 的值分别为 22、11、6、0），填充图形，并设置描边色为无，效果如图 5-44 所示。

图 5-42

图 5-43

图 5-44

（12）选择钢笔工具 ，在适当的位置绘制一个图形。双击渐变工具 ，弹出"渐变"控制面板，在色带上设置 2 个渐变滑块，分别将渐变滑块的位置设置为 0、100，并设置 C、M、Y、K 的值分别为 0（26、53、99、0）、100（50、95、92、28），其他选项的设置如图 5-45 所示，图形被填充渐变色，并设置描边色为无，效果如图 5-46 所示。用相同的方法绘制其他图形，效果如图 5-47 所示。

图 5-45

图 5-46

图 5-47

（13）选择钢笔工具 ，在适当的位置绘制一个图形。双击渐变工具 ，弹出"渐变"控制面板，在色带上设置 2 个渐变滑块，分别将渐变滑块的位置设置为 0、100，并设置 C、M、Y、K 的值分别为 0（0、0、0、0）、100（86、49、34、0），其他选项的设置如图 5-48 所示，图形被填充渐变色，并设置描边色为无，效果如图 5-49 所示。

（14）选择钢笔工具 ，在适当的位置绘制一个图形。双击渐变工具 ，弹出"渐变"控制面板，在色带上设置 2 个渐变滑块，分别将渐变滑块的位置设置为 0、100，并设置 C、M、Y、K 的值分别为 0（0、0、0、0）、100（86、49、34、0），其他选项的设置如图 5-50 所示，图形被填充渐变色，并设置描边色为无，效果如图 5-51 所示。

图 5-48

图 5-49

图 5-50

图 5-51

（15）选择钢笔工具 ，在适当的位置绘制一个图形。双击渐变工具 ，弹出"渐变"控制面板，在色带上设置 2 个渐变滑块，分别将渐变滑块的位置设置为 0、100，并设置 C、M、Y、K 的值分别为 0（0、0、0、0）、100（86、49、34、0），其他选项的设置如图 5-52 所示，图形被填充渐变色，并设置描边色为无，效果如图 5-53 所示。

（16）选择钢笔工具 ✍，在适当的位置绘制一个图形。双击渐变工具 ▣，弹出"渐变"控制面板，在色带上设置 2 个渐变滑块，分别将渐变滑块的位置设置为 0、100，并设置 C、M、Y、K 的值分别为 0（47、7、6、0）、100（3、22、11、0），其他选项的设置如图 5-54 所示，图形被填充渐变色，并设置描边色为无，效果如图 5-55 所示。

图 5-52   图 5-53   图 5-54   图 5-55

3．绘制苹果

（1）选择钢笔工具 ✍，在适当的位置绘制一个图形。双击渐变工具 ▣，弹出"渐变"控制面板，在色带上设置 2 个渐变滑块，分别将渐变滑块的位置设置为 0、100，并设置 C、M、Y、K 的值分别为 0（15、98、60、0）、100（50、100、66、14），其他选项的设置如图 5-56 所示，图形被填充渐变色，并设置描边色为无，效果如图 5-57 所示。

（2）选择钢笔工具 ✍，在适当的位置绘制图形，设置图形填充色为粉色（其 C、M、Y、K 的值分别为 13、25、12、0），填充图形，并设置描边色为无，效果如图 5-58 所示。用相同的方法绘制其他图形，效果如图 5-59 所示。

图 5-56   图 5-57   图 5-58   图 5-59

（3）选择钢笔工具 ✍，在适当的位置绘制图形，设置图形填充色为棕色（其 C、M、Y、K 的值分别为 74、74、68、37），填充图形，并设置描边色为无，效果如图 5-60 所示。

（4）双击镜像工具 ⧉，在弹出的"镜像"对话框中进行设置，如图 5-61 所示，单击"复制"按钮，效果如图 5-62 所示。选择选择工具 ▶，拖曳图形到适当的位置并调整其方向，如图 5-63 所示。

图 5-60　　　　　　图 5-61　　　　　　图 5-62　　　　　　图 5-63

（5）选择钢笔工具 ✐，在适当的位置绘制一个图形。双击渐变工具 ▦，弹出"渐变"控制面板，在色带上设置 3 个渐变滑块，分别将渐变滑块的位置设置为 0、53、100，并设置 C、M、Y、K 的值分别为 0（58、14、81、0）、53（67、26、94、0）、100（89、52、100、21），其他选项的设置如图 5-64 所示，图形被填充渐变色，并设置描边色为无，效果如图 5-65 所示。

（6）选择钢笔工具 ✐，在适当的位置绘制图形，设置图形填充色为灰绿色（其 C、M、Y、K 的值分别为 46、20、34、0），填充图形，并设置描边色为无，效果如图 5-66 所示。

图 5-64　　　　　　　图 5-65　　　　　　　图 5-66

（7）选择钢笔工具 ✐，在适当的位置绘制图形，填充图形为黑色，并设置描边色为无，效果如图 5-67 所示。在"透明度"面板中，将"混合模式"选项设置为"颜色减淡"。

（8）选择钢笔工具 ✐，在适当的位置绘制白色图形，在属性栏中将"不透明度"选项设置为 53%，效果如图 5-68 所示。用相同的方法绘制其他图形，效果如图 5-69 所示。

图 5-67　　　　　　　图 5-68　　　　　　　图 5-69

（9）选择钢笔工具 ✐，在适当的位置绘制图形，设置图形填充色为蓝色（其 C、M、Y、K 的值分别为 89、62、9、0），填充图形，并设置描边色为无，效果如图 5-70 所示。

（10）选择选择工具 ▸，按住 Alt 键的同时，向上拖曳图形，将其复制，并双击渐变工具 ▦，弹出"渐变"控制面板，在色带上设置 3 个渐变滑块，分别将渐变滑块的位置设置为 1、6、93，并设置

C、M、Y、K 的值分别为 1（0、0、0、0）、6（19、6、0、0）、93（50、18、0、0），其他选项的设置如图 5-71 所示，图形被填充渐变色，并设置描边色为无，效果如图 5-72 所示。

图 5-70   图 5-71   图 5-72

（11）选择选择工具，按住 Shift 键的司时，单击选取需要的图形，按 Ctrl+G 组合键，将图形编组，效果如图 5-73 所示。按住 Alt 键的同时，分别拖曳图形到适当的位置，复制图形并调整其大小，效果如图 5-74 所示。

（12）按 Ctrl+O 组合键，打开本书学习资源中的"Ch05 > 素材 > 绘制休闲时光插画 > 02"文件。按 Ctrl+A 组合键，全选图形，复制并将其粘贴到正在编辑的页面中，选择选择工具，将图形拖曳到适当的位置，效果如图 5-75 所示。休闲时光插画绘制完成。

图 5-73   图 5-74   图 5-75

5.3.2 创建渐变填充

绘制一个图形，如图 5-76 所示。单击工具箱下部的"渐变"按钮，对图形进行渐变填充，效果如图 5-77 所示。选择渐变工具，在需要添加渐变的位置单击设定渐变的起点并按住鼠标左键拖曳，释放鼠标确定渐变的终点，如图 5-78 所示，渐变填充的效果如图 5-79 所示。

图 5-76   图 5-77   图 5-78   图 5-79

在"色板"控制面板中单击需要的渐变样本，对图形进行渐变填充，如图 5-80 所示。

图 5-80

5.3.3 "渐变"控制面板

在"渐变"控制面板中可以设置渐变参数，可选择"线性"或"径向"渐变，设置渐变的起始、中间和终止颜色，还可以设置渐变的位置和角度。

选择 "窗口 > 渐变"命令，弹出"渐变"控制面板，如图 5-81 所示。从"类型"下拉列表中可以选择"径向"或"线性"渐变方式，如图 5-82 所示。

"角度"数值框中显示当前的渐变角度，重新输入数值后按 Enter 键，可以改变渐变的角度，如图 5-83 所示。

图 5-81

图 5-82

图 5-83

单击"渐变"控制面板下面的颜色滑块，"位置"数值框中显示出该滑块在渐变颜色中的位置，如图 5-84 所示，拖曳该滑块，可以改变该颜色的位置，即改变颜色的渐变梯度，如图 5-85 所示。

图 5-84

图 5-85

在渐变色谱条底边单击，可以添加一个颜色滑块，如图 5-86 所示。在"颜色"控制面板中调整颜色的数值，如图 5-87 所示，可以改变添加的颜色滑块的颜色，如图 5-88 所示。用鼠标按住颜色滑块不放并将其拖曳到"渐变"控制面板外，可以直接删除颜色滑块。

图 5-86　　　　　　　　　　图 5-87　　　　　　　　　　图 5-88

5.3.4　渐变填充的样式

1. 线性渐变填充

线性渐变填充是一种比较常用的渐变填充方式，通过"渐变"控制面板，可以精确地指定线性渐变的起始和终止颜色，还可以调整渐变方向；通过调整中心点的位置，可以生成不同的颜色渐变效果。

选择绘制好的图形，如图 5-89 所示。双击渐变工具 或选择"窗口 > 渐变"命令（快捷键为 Ctrl+F9），弹出"渐变"控制面板。在"渐变"控制面板的色谱条中，系统默认的是从白色到黑色的线性渐变样式，如图 5-90 所示。在"类型"下拉列表中选择"线性"渐变类型，如图 5-91 所示，图形将被线性渐变填充，效果如图 5-92 所示。

图 5-89　　　　　　图 5-90　　　　　　图 5-91　　　　　　图 5-92

单击"渐变"控制面板中的起始颜色游标，如图 5-93 所示，然后在"颜色"控制面板中调配所需的颜色，设置渐变的起始颜色。再单击终止颜色游标，如图 5-94 所示，设置渐变的终止颜色，效果如图 5-95 所示。图形的线性渐变填充效果如图 5-96 所示。

图 5-93　　　　　　图 5-94　　　　　　图 5-95　　　　　　图 5-96

拖曳色谱条上边的控制滑块，可以改变颜色的渐变位置，如图 5-97 所示，同时"位置"数值框中的数值也发生变化。设置"位置"数值框中的数值也可以改变颜色的渐变位置，图形的线性渐变填充效果也将改变，如图 5-98 所示。

图 5-97　　　　　　　　图 5-98

如果要改变颜色渐变的方向，选择渐变工具 ▣ ，直接在图形中拖曳即可。当需要精确地改变渐变方向时，可通过"渐变"控制面板中的"角度"选项来控制图形的渐变方向。

2. 径向渐变填充

径向渐变填充是 Illustrator CS6 的另一种渐变填充类型，与线性渐变填充不同，它是从起始颜色以圆的形式向外发散，逐渐过渡到终止颜色。它的起始颜色和终止颜色，以及渐变填充中心点的位置都是可以改变的。使用径向渐变填充可以生成多种渐变填充效果。

选择绘制好的图形，如图 5-99 所示。双击渐变工具 ▣ 或选择"窗口 > 渐变"命令（快捷键为 Ctrl+F9），弹出"渐变"控制面板。在"渐变"控制面板的色谱条中，系统默认的是从白色到黑色的线性渐变样式，如图 5-100 所示。在"类型"下拉列表中选择"径向"渐变类型，如图 5-101 所示，图形将被径向渐变填充，效果如图 5-102 所示。

图 5-99　　　　图 5-100　　　　　　图 5-101　　　　　图 5-102

单击"渐变"控制面板中的起始颜色游标 ▢ 或终止颜色游标 ▣ ，然后在"颜色"控制面板中调配颜色，即可改变图形的渐变颜色，效果如图 5-103 所示。拖曳色谱条上边的控制滑块，可以改变颜色的中心渐变位置，效果如图 5-104 所示。使用渐变工具 ▣ 绘制，可改变径向渐变的中心位置，效果如图 5-105 所示。

图 5-103　　　　图 5-104　　　　图 5-105

5.3.5　使用渐变库

除了"色板"控制面板中提供的渐变样式外，Illustrator CS6 还提供了一些渐变库。选择"窗口 > 色板库 > 其他库"命令，弹出"打开"对话框，"色板 > 渐变"文件夹内包含了系统提供的渐变库，如图 5-106 所示，在文件夹中可以选择不同的渐变库，选择好后单击"打开"按钮，渐变库的效果如图 5-107 所示。

图 5-106

图 5-107

5.4　图案填充

图案填充是绘制图形的重要手段，使用合适的图案进行填充可以使绘制的图形更加生动形象。

5.4.1　使用图案填充

选择"窗口 > 色板库 > 图案"命令，可以在打开的面板中选择自然、装饰灯等多种图案填充图形，如图 5-108 所示。

绘制一个图形，如图 5-109 所示。在工具箱下方选择"描边"按钮，再在"自然_叶子"控制面板中选择需要的图案，如图 5-110 所示。图案就填充到了图形的描边上，效果如图 5-111 所示。

图 5-108

图 5-109

图 5-110

图 5-111

在工具箱下方选择"填充"按钮，在"自然_叶子"控制面板中单击选择需要的图案，如图 5-112 所示。图案即可填充到图形的内部，效果如图 5-113 所示。

图 5-112　　　　　　　　　　　　图 5-113

5.4.2　创建图案填充

在 Illustrator CS6 中可以将基本图形定义为图案，作为图案的图形不能包含渐变、渐变网格、图案和位图。

使用星形工具 绘制 3 个星形，同时选取 3 个星形，如图 5-114 所示。选择"对象 > 图案 > 建立"命令，弹出提示框和"图案选项"面板，如图 5-115 所示，同时页面进入"图案编辑模式"，单击提示框中的"确定"按钮，在面板中可以设置图案的名称、大小和重叠方式等。设置完成后，单击页面左上方的"完成"按钮，定义的图案就被添加到"色板"控制面板中了，如图 5-116 所示。

图 5-114　　　　　　　　　　图 5-115　　　　　　　　　　图 5-116

在"色板"控制面板中单击新定义的图案并将其拖曳到页面上，如图 5-117 所示。选择"对象 > 取消编组"命令，取消图案组合，可以重新编辑图案，如图 5-118 所示。

图 5-117　　　　　　　　　　图 5-118

选择"对象 > 编组"命令，将新编辑的图案组合，然后拖曳到"色板"控制面板中，如图 5-119所示，在"色板"控制面板中就添加了新定义的图案，如图 5-120 所示。

图 5-119　　　　　　　　　　　　　图 5-120

使用多边形工具 ◯ 绘制一个多边形，如图 5-121 所示。在"色板"控制面板中单击新定义的图案，如图 5-122 所示，多边形的图案填充效果如图 5-123 所示。

图 5-121　　　　　　　　　图 5-122　　　　　　　　图 5-123

Illustrator CS6 自带一些图案库。选择"窗口 > 图形样式库"子菜单下的各种样式，可以加载不同的样式库。"其他库"命令可以用来加载外部样式库。

5.4.3　使用图案库

除了"色板"控制面板中提供的图案外，Illustrator CS6 还提供了一些图案库。选择"窗口 > 色板库 > 其他库"命令，弹出"打开"对话框，"色板 > 图案"文件夹中包含了系统提供的图案库，如图 5-124 所示，在文件夹中可以选择不同的图案库，选择好后单击"打开"按钮，图案库的效果如图 5-125 所示。

图 5-124　　　　　　　　　　　　　　　图 5-125

5.5　渐变网格填充

应用渐变网格功能可以使图形颜色产生细微的变化，也可以对图形应用多个方向、多种颜色的渐变填充。

功能介绍

网格工具：应用网格工具可以在图形中形成网格，使图形颜色的变化更加柔和自然。

5.5.1　课堂案例——绘制礼物卡

【案例学习目标】使用钢笔工具、网格工具和文字工具绘制礼物卡。

【案例知识要点】使用钢笔工具、直接选择工具和网格工具绘制卡片主体，使用置入命令置入底图，使用投影命令为气球添加投影效果，使用文字工具添加文字，效果如图 5-126 所示。

【效果所在位置】Ch05\效果\绘制礼物卡.ai。

图 5-126

（1）按 Ctrl+N 组合键，新建一个文档，设置文档的宽度为 210mm，高度为 297mm，取向为竖向，颜色模式为 CMYK。

（2）选择钢笔工具 ![pen]，在适当的位置绘制一个图形，如图 5-127 所示。设置图形填充色的 C、M、Y、K 值分别为 0、100、100、0，填充图形，并设置描边色为无，效果如图 5-128 所示。选择网格工具 ![mesh]，在图形的适当位置单击，将图形创建为渐变网格对象，如图 5-129 所示。

| 图 5-127 | 图 5-128 | 图 5-129 |

（3）在图形中已添加的网格线上单击，可以添加网格点，如图 5-130 所示。在网格线上再次单击，可以继续添加网格点，如图 5-131 所示。选择直接选择工具 ![arrow]，选中网格点，如图 5-132 所示，填充锚点为白色，效果如图 5-133 所示。

| 图 5-130 | 图 5-131 | 图 5-132 | 图 5-133 |

（4）按住 Shift 键的同时，单击需要的网格点将其同时选取，如图 5-134 所示，设置填充色为洋红色（其 C、M、Y、K 的值分别为 0、40、0、0），填充网格点，效果如图 5-135 所示。用相同的方法再次选取需要的网格点，如图 5-136 所示，设置填充色为深红色（其 C、M、Y、K 的值分别为 0、100、100、30），填充网格点，效果如图 5-137 所示。

图 5-134   图 5-135   图 5-136   图 5-137

（5）用圈选的方法选取需要的网格点，如图 5-138 所示。设置填充色为红色（其 C、M、Y、K 的值分别为 0、100、100、10），填充网格点，效果如图 5-139 所示。取消选取状态，效果如图 5-140 所示。

图 5-138   图 5-139   图 5-140

（6）选择钢笔工具 ，在适当的位置绘制一个图形，如图 5-141 所示。双击渐变工具 ，弹出"渐变"控制面板，在色带上设置 2 个渐变滑块，分别将渐变滑块的位置设置为 0、63，并设置 C、M、Y、K 的值分别为 0（0、100、100、0）、63（0、100、100、50），其他选项的设置如图 5-142 所示，图形被填充渐变色，并设置描边色为无，效果如图 5-143 所示。按 Ctrl+[组合键，将其后移一层，效果如图 5-144 所示。

图 5-141   图 5-142   图 5-143   图 5-144

（7）选择钢笔工具 ，在适当的位置绘制一个图形，如图 5-145 所示。设置图形填充色为土黄色（其 C、M、Y、K 的值分别为 0、50、100、55），填充图形，并设置描边色为无，效果如图 5-146 所示。连续按 Ctrl+[组合键，将图形后移，效果如图 5-147 所示。选择选择工具 ，将气球图形同时选取，按 Ctrl+G 组合键，将其编组，如图 5-148 所示。

图 5-145　图 5-146　图 5-147　图 5-148

（8）选择"文件 > 置入"命令，弹出"置入"对话框，选择本书学习资源中的"Ch05 > 素材 > 绘制礼物卡 > 01"文件，单击"置入"按钮，置入文件，单击属性栏中的"嵌入"按钮，嵌入文件，如图 5-149 所示。选择选择工具　，将气球图形拖曳到适当的位置，如图 5-150 所示。

图 5-149　　　　　　　　　　　　图 5-150

（9）选择"效果 > 风格化 > 投影"命令，在弹出的对话框中进行设置，如图 5-151 所示，单击"确定"按钮，效果如图 5-152 所示。选择选择工具　，按住 Alt 键的同时，分别将气球图形拖曳到适当的位置，复制气球并调整其角度和大小，效果如图 5-153 所示。

图 5-151　　　　　　图 5-152　　　　　　　图 5-153

（10）选择文字工具　，在页面中分别输入需要的文字，选择选择工具　，在属性栏中分别选择合适的字体并设置适当的文字大小，效果如图 5-154 所示。设置文字填充色为深红色（其 C、M、Y、K 的值分别为 0、100、100、22），填充文字，效果如图 5-155 所示。礼物卡绘制完成。

图 5-154　　　　　　　　　　　　图 5-155

5.5.2　创建渐变网格

1. 使用网格工具 🔲 创建渐变网格

使用椭圆工具 🔘 绘制一个椭圆形并保持其被选取的状态，如图 5-156 所示。选择网格工具 🔲，在椭圆形中单击，将椭圆形创建为渐变网格对象，椭圆形中增加了横竖两条线交叉形成的网格，如图 5-157 所示。继续在椭圆形中单击，可以增加新的网格，效果如图 5-158 所示。

图 5-156　　　　　　　　　　图 5-157　　　　　　　　　　图 5-158

网格中横竖两条线交叉形成的点就是网格点，而横、竖线就是网格线。

2. 使用"创建渐变网格"命令创建渐变网格

使用椭圆工具 🔘 绘制一个椭圆形并保持其被选取的状态，如图 5-159 所示。选择"对象 > 创建渐变网格"命令，弹出"创建渐变网格"对话框，如图 5-160 所示，设置好数值后，单击"确定"按钮，可以为图形创建渐变网格，如图 5-161 所示。

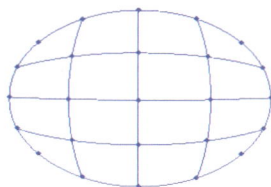

图 5-159　　　　　　　　　　图 5-160　　　　　　　　　　图 5-161

在"创建渐变网格"对话框中，"行数"数值框中可以输入水平方向网格线的数量；"列数"数值框中可以输入垂直方向网络线的数量；在"外观"下拉列表中可以选择创建渐变网格后图形高光部位的表现方式，有平淡色、至中心和至边缘 3 和方式可以选择；在"高光"数值框中可以设置高光处的强度，当数值为 0 时，图形没有高光点，而是以均匀的颜色填充。

5.5.3　编辑渐变网格

1. 添加网格点

使用椭圆工具 🔘 绘制一个椭圆形并保持其被选取的状态，如图 5-162 所示，选择网格工具 🔲，在椭圆形中单击，创建渐变网格对象，如图 5-163 所示。在椭圆形中的其他位置再次单击，可以添加网格点，如图 5-164 所示，同时添加了网格线。在网格线上再次单击，可以继续添加网格点，如图 5-165 所示。

图 5-162　　　　　　　图 5-163　　　　　　　图 5-164　　　　　　　图 5-165

2. 删除网格点

　　使用网格工具 ▦ 或直接选择工具 �N 单击选中网格点，如图 5-166 所示，按住 Alt 键的同时单击网格点，即可将网格点删除，如图 5-167 所示。

图 5-166　　　　　　　　　　图 5-167

3. 编辑网格颜色

　　使用直接选择工具 ▷ 单击选中网格点，如图 5-168 所示，在"色板"控制面板中单击需要的颜色块，如图 5-169 所示，可以为网格点填充颜色，效果如图 5-170 所示。

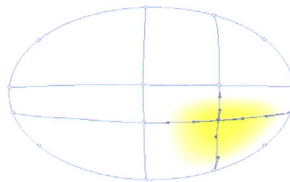

图 5-168　　　　　　　　图 5-169　　　　　　　　图 5-170

　　使用直接选择工具 ▷ 单击选中网格，如图 5-171 所示，在"色板"控制面板中单击需要的颜色块，如图 5-172 所示，可以为网格填充颜色，效果如图 5-173 所示。

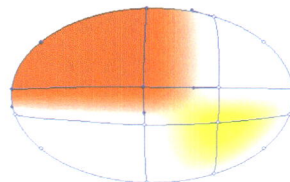

图 5-171　　　　　　　　图 5-172　　　　　　　　图 5-173

　　选择网格工具 ▦ ，按住鼠标左键拖曳网格点，可以移动网格点，效果如图 5-174 所示。拖曳网格点的控制手柄可以调节网格线，效果如图 5-175 所示。渐变网格的填色效果如图 5-176 所示。

图 5-174　　　　　　　　　　图 5-175　　　　　　　　　　图 5-176

5.6　编辑描边

描边其实就是对象的描边线，对描边进行填充时，还可以对其进行一定的设置，如更改描边的形状、粗细及设置为虚线描边等。

5.6.1　使用"描边"控制面板

选择"窗口 > 描边"命令（快捷键为 Ctrl+F10），弹出"描边"控制面板，如图 5-177 所示。"描边"控制面板主要用来设置对象的描边属性，如粗细、形状等。

在"描边"控制面板中，"粗细"选项用于设置描边的宽度。"端点"选项组用于指定描边各线段的首端和尾端的形状样式，有平头端点、圆头端点和方头端点 3 种不同的端点样式。"边角"选项组用于指定描边的拐角形状，有 3 种不同的拐角接合形式，分别为斜接连接、圆角连接和斜角连接。"限制"选项用于设置斜角的长度，它可以决定描边沿路径改变方向时伸展的长度。"对齐描边"选项组用于设置描边与路径的对齐方式，分别为使描边居中对齐、使描边内侧对齐和使描边外侧对齐。勾选"虚线"复选框可以创建描边的虚线效果。

图 5-177

5.6.2　设置描边的粗细

当需要设置描边的宽度时，要用到"粗细"选项，可以在其下拉列表中选择合适的粗细值，也可以直接输入合适的数值。

单击工具箱下方的描边按钮，使用星形工具绘制一个星形并保持其被选取的状态，如图 5-178 所示。在"描边"控制面板的"粗细"下拉列表中选择需要的描边粗细值，或直接输入合适的数值。此处设置的粗细数值为 30pt，如图 5-179 所示，星形的描边粗细被改变，效果如图 5-180 所示。

图 5-178

当要更改描边的单位时，可选择"编辑 > 首选项 > 单位"命令，弹出"首选项"对话框，如图 5-181 所示，可以在"描边"下拉列表中选择需要的描边单位。

图 5-179   图 5-180   图 5-181

5.6.3　设置描边的填充

保持星形为被选取的状态，如图 5-182 所示。在"色板"控制面板中单击选取所需的填充样本，对象描边的填充效果如图 5-183 所示。

图 5-182   图 5-183

提示　不能使用渐变填充样本对描边进行填充。

保持星形被选取的状态，如图 5-184 所示。在"颜色"控制面板中调配所需的颜色，如图 5-185 所示，或双击工具箱下方的"描边填充"按钮 ，弹出"拾色器"对话框，如图 5-186 所示。在对话框中可以调配所需的颜色，对象描边的颜色填充效果如图 5-187 所示。

图 5-184   图 5-185   图 5-186   图 5-187

5.6.4 编辑描边的样式

1．设置"限制"选项

"限制"选项可以设置描边沿路径改变方向时的伸展长度，可以在其下拉列表中选择所需的数值，也可以在数值框中直接输入合适的数值。将'限制'选项分别设置为 2 和 20 时的对象描边效果如图 5-188 所示。

图 5-188

2．设置"端点"和"边角"选项

端点是指一段描边的首端和末端，为描边的首端和末端选择不同的端点样式可以改变描边端点的形状。使用钢笔工具 绘制一段描边，单击"描边"控制面板中 3 个不同端点样式的按钮 ，选定的端点样式会应用到选定的描边中，如图 5-189 所示。

平头端点　　　　　　圆头端点　　　　　　方头端点

图 5-189

边角是指一段描边的拐点，边角样式就是指描边拐角处的形状。绘制多边形的描边，单击"描边"控制面板中 3 个不同转角接合样式的按钮 ，选定的转角接合样式会应用到选定的描边中，如图 5-190 所示。

斜接连接　　　　　　圆角连接　　　　　　斜角连接

图 5-190

3．设置"虚线"选项

虚线选项里包括 6 个数值框，勾选"虚线"复选框，数值框被激活，第 1 个数值框默认的虚线值为 2pt，如图 5-191 所示。

"虚线"选项用来设定每一段虚线的长度。在数值框中输入的数值越大，虚线的长度就越长。输入的数值越小，虚线的长度就越短。设置不同虚线长度值的描边效果如图 5-192 所示。

"间隙"选项用来设置虚线段之间的距离，输入的数值越大，虚线段之间的距离越大。输入的数值越小，虚线段之间的距离就越小。设置不同虚线间隙的描边效果如图 5-193 所示。

| 图 5-191 | 图 5-192 | 图 5-193 |

4．设置"箭头"选项

"描边"控制面板中有两个按钮 箭头: ，左侧的是"起点的箭头"按钮 ，右侧的是"终点的箭头"按钮 。选中要添加箭头的曲线，如图 5-194 所示。单击"起始箭头"按钮 ，弹出"起始箭头"下拉列表，单击需要的箭头样式，如图 5-195 所示，曲线的起始点会出现选择的箭头，效果如图 5-196 所示。单击"终点的箭头"按钮 ，弹出"终点的箭头"下拉列表，单击需要的箭头样式，如图 5-197 所示，曲线的终点会出现选择的箭头，效果如图 5-198 所示。

| 图 5-194 | 图 5-195 | 图 5-196 |

| 图 5-197 | 图 5-198 |

"互换箭头起始处和结束处"按钮 可以互换起始箭头和终点箭头。选中曲线，如图 5-199 所示。在"描边"控制面板中单击"互换箭头起始处和结束处"按钮 ，如图 5-200 所示，效果如图 5-201 所示。

| 图 5-199 | 图 5-200 | 图 5-201 |

在"缩放"选项中，左侧的是"箭头起始处的缩放因子"按钮 100% ，右侧的是"箭头结束处的

缩放因子"按钮 100% ，设置需要的数值，可以缩放曲线的起始箭头和结束箭头的大小。选中要缩放的曲线，如图 5-202 所示。单击"箭头起始处的缩放因子"按钮 100% ，将"箭头起始处的缩放因子"设置为 200，如图 5-203 所示，效果如图 5-204 所示。单击"箭头结束处的缩放因子"按钮 100% ，将"箭头结束处的缩放因子"设置为 200，效果如图 5-205 所示。

单击"缩放"选项右侧的"链接箭头起始处和结束处缩放"按钮 ，可以同时改变起始箭头和结束箭头的大小。

| 图 5-202 | 图 5-203 | 图 5-204 | 图 5-205 |

在"对齐"选项中，左侧的是"将箭头提示扩展到路径终点外"按钮 ，右侧的是"将箭头提示放置于路径终点处"按钮 ，这两个按钮分别可以设置箭头在终点外和箭头在终点处。选中曲线，如图 5-206 所示。单击"将箭头提示扩展到路径终点外"按钮 ，如图 5-207 所示，效果如图 5-208 所示。单击"将箭头提示放置于路径终点处"按钮 ，箭头在终点处显示，效果如图 5-209 所示。

| 图 5-206 | 图 5-207 | 图 5-208 | 图 5-209 |

在"配置文件"选项中单击"变量宽度配置文件"按钮 等比 ，弹出宽度配置文件下拉列表，如图 5-210 所示。在下拉列表中选中任意一个宽度配置文件可以改变曲线描边的形状。选中曲线，如图 5-211 所示，单击"变量宽度配置文件"按钮 等比 ，在弹出的下拉列表中选中任意一个宽度配置文件，如图 5-212 所示，效果如图 5-213 所示。

| 图 5-210 | 图 5-211 | 图 5-212 | 图 5-213 |

"配置文件"选项右侧有两个按钮，分别是"纵向翻转"按钮 和"横向翻转"按钮 。选中"纵向翻转"按钮 ，可以改变曲线描边的左右位置；选中"横向翻转"按钮 ，可以改变曲线描边的上下位置。

5.7 使用符号

符号是一种能存储在"符号"控制面板中，并且在一个插图中可以多次重复使用的对象。Illustrator CS6 的"符号"控制面板专门用来创建、存储和编辑符号。

当需要在一个插图中多次制作同样的对象，并需要对对象进行多次类似的编辑操作时，可以使用符号来完成，以提高效率，节省时间。例如，在一个网站设计中多次应用到一个按钮的图样，这时就可以将这个按钮的图样定义为符号范例，这样可以对按钮符号进行多次重复使用。利用符号体系工具组中的相应工具可以对符号范例进行各种编辑操作。默认设置下的"符号"控制面板如图 5-214 所示。

如果在插图中应用了符号集合，那么当使用选择工具选取符号范例时，整个符号集合会同时被选中。此时，被选中的符号集合只能被移动，而不能被编辑。图 5-215 所示为应用到插图中的符号范例与符号集合。

图 5-214   图 5-215

提示 Illustrator CS6 中的各种对象，如普通的图形、文本对象、复合路径、渐变网格等均可以被定义为符号。

功能介绍

符号命令：符号控制面板具有创建、编辑和存储符号的功能。

5.7.1　课堂案例——绘制自然风景插画

【案例学习目标】使用符号面板绘制自然风景插画。

【案例知识要点】使用自然界面板和艺术纹理面板添加符号图形，使用透明度面板改变图形的混合模式，效果如图 5-216 所示。

【效果所在位置】Ch05\效果\绘制自然风景插画.ai。

图 5-216

（1）按 Ctrl+N 组合键，新建一个文档，设置文档的宽度为 150mm，高度为 150mm，取向为竖向，颜色模式为 CMYK。

（2）选择矩形工具 ▣，按住 Shift 键的同时，绘制一个与页面大小相等的正方形。双击渐变工

具 ，弹出"渐变"控制面板，在色带上设置 2 个渐变滑块，分别将渐变滑块的位置设置为 25、91，并设置 C、M、Y、K 的值分别为 25（42、0、16、0）、91（65、18、23、0），其他选项的设置如图 5-217 所示，图形被填充渐变色，并设置描边色为无，效果如图 5-218 所示。

（3）选择椭圆工具 ，按住 Shift 键的同时，在适当的位置绘制圆形。填充与上方矩形相同的渐变色，并设置描边色为无，效果如图 5-219 所示。

图 5-217　　　　　　图 5-218　　　　　　图 5-219

（4）选择选择工具 ，选取绘制的正方形。按 Ctrl+C 组合键，复制图形。按 Ctrl+F 组合键，将复制的图形粘贴在前面。按 Ctrl+[组合键，后移一层。

（5）选择选择工具 ，按住 Shift 键的同时，分别单击需要的图形，将其同时选取。选择"对象 >复合路径 > 建立"命令，建立复合路径，效果如图 5-220 所示。选择"窗口 > 透明度"命令，弹出"透明度"控制面板，选项的设置如图 5-221 所示，效果如图 5-222 所示。

图 5-220　　　　　　图 5-221　　　　　　图 5-222

（6）选择钢笔工具 ，在适当的位置绘制图形，设置图形填充色的 C、M、Y、K 值分别为 35、0、14、0，填充图形，并设置描边色为无，效果如图 5-223 所示。在"透明度"控制面板中进行设置，如图 5-224 所示，效果如图 5-225 所示。

图 5-223　　　　　　图 5-224　　　　　　图 5-225

（7）选择椭圆工具 ，按住 Shift 键的同时，在适当的位置绘制圆形。在"渐变"控制面板中的色带上设置 2 个渐变滑块，分别将渐变滑块的位置设置为 25、94，并设置 C、M、Y、K 的值分别为 25（0、0、0、0）、94（5、20、88、0），将"不透明度"选项分别设置为 0% 和 95%，其他选项的设置如图 5-226 所示，图形被填充渐变色，并设置描边色为无，效果如图 5-227 所示。

（8）选择椭圆工具 ，按住 Shift 键的同时，在适当的位置绘制圆形。在"渐变"控制面板中的色带上设置 2 个渐变滑块，分别将渐变滑块的位置设置为 0、100，并设置 C、M、Y、K 的值分别为 0（6、12、80、0）、100（3、33、88、0），其他选项的设置如图 5-228 所示，图形被填充渐变色，并设置描边色为无，效果如图 5-229 所示。

图 5-226　　　　　　图 5-227　　　　　　图 5-228　　　　　　图 5-229

（9）选择钢笔工具 ，在适当的位置绘制一个图形。在"渐变"控制面板中的色带上设置 2 个渐变滑块，分别将渐变滑块的位置设置为 0、96，并设置 C、M、Y、K 的值分别为 0（45、0、85、0）、96（72、17、93、0），其他选项的设置如图 5-230 所示，图形被填充渐变色，并设置描边色为无，效果如图 5-231 所示。

（10）选择钢笔工具 ，在适当的位置绘制一个图形。在"渐变"控制面板中的色带上设置 2 个渐变滑块，分别将渐变滑块的位置设置为 0、93，并设置 C、M、Y、K 的值分别为 0（45、0、85、0）、93（78、21、100、0），其他选项的设置如图 5-232 所示，图形被填充渐变色，并设置描边色为无，效果如图 5-233 所示。

图 5-230　　　　　　图 5-231　　　　　　图 5-232　　　　　　图 5-233

（11）选择钢笔工具 ，在适当的位置绘制一个图形。填充与上方图形相同的渐变色，并设置描边色为无，效果如图 5-234 所示。在"透明度"控制面板中进行设置，如图 5-235 所示，效果如图 5-236 所示。

图 5-234　　　　　　　　　图 5-235　　　　　　　　　图 5-236

（12）选择"窗口 > 符号库 > 自然"命令，弹出"自然"控制面板，选取需要的符号，如图 5-237 所示。拖曳符号到适当的位置并调整其大小，效果如图 5-238 所示。用相同的方法添加其他符号，效果如图 5-239 所示。

图 5-237　　　　　　　　　图 5-238　　　　　　　　　图 5-239

（13）选择椭圆工具 ，按住 Shift 键的同时，在适当的位置绘制圆形。填充与上方图形相同的渐变色，并设置描边色为无，效果如图 5-240 所示。在"透明度"控制面板中进行设置，如图 5-241 所示，效果如图 5-242 所示。

图 5-240　　　　　　　　　图 5-241　　　　　　　　　图 5-242

（14）选择矩形工具 ，绘制一个矩形。在"渐变"控制面板中的色带上设置 2 个渐变滑块，分别将渐变滑块的位置设置为 12、92，并设置 C、M、Y、K 的值分别为 12（58、76、100、36）、92（54、60、100、10），其他选项的设置如图 5-243 所示，图形被填充渐变色，并设置描边色为无，效果如图 5-244 所示。

（15）选择选择工具 ，按住 Shift 键的同时，单击需要的图形，将其同时选取。按 Ctrl+G 组合键，将其编组，效果如图 5-245 所示。按住 Alt 键的同时，将图形拖曳到适当的位置，复制图形并分别调整其大小，效果如图 5-246 所示。自然风景插画绘制完成。

图 5-243　　　　　　图 5-244　　　　　　图 5-245　　　　　　图 5-246

5.7.2　"符号"控制面板

"符号"控制面板具有创建、编辑和存储符号的功能。单击控制面板右上方的▾≣图标，弹出其下拉菜单，如图 5-247 所示。

图 5-247

"符号"控制面板下边有以下 6 个按钮。

"符号库菜单"按钮▮▴：包含多种符号库，可以选择调用。

"置入符号实例"按钮↵：将当前选中的一个符号范例放置在页面的中心。

"断开符号链接"按钮⟨⟩：将添加到插图中的符号范例与"符号"控制面板断开链接。

"符号选项"按钮▤：单击该按钮可以打开"符号选项"对话框，进行相关设置。

"新建符号"按钮◻：单击该按钮可以将选中的要定义为符号的对象添加到"符号"控制面板中作为符号。

"删除符号"按钮🗑：单击该按钮可以删除"符号"控制面板中被选中的符号。

5.7.3　创建和应用符号

1. 创建符号

将选中的对象直接拖曳到"符号"控制面板中，可以创建符号，如图 5-248 所示。

图 5-248

2. 应用符号

在 "符号" 控制面板中选中需要的符号，将其直接拖曳到当前插图中，得到一个符号范例，如图 5-249 所示。

使用符号喷枪工具 可以同时创建多个符号范例，并且可以将它们作为一个符号集合。

图 5-249

5.7.4 使用符号工具

Illustrator CS6 工具箱的符号工具组中提供了 8 个符号工具，展开的符号工具组如图 5-250 所示。

符号喷枪工具：创建符号集合，可以将 "符号" 控制面板中的符号对象应用到插图中。

图 5-250

符号移位器工具：用于移动符号范例。

符号紧缩器工具：用于对符号范例进行缩紧变形。

符号缩放器工具：用于对符号范例进行放大操作。按住 Alt 键，可以对符号范例进行缩小操作。

符号旋转器工具：用于对符号范例进行旋转操作。

符号着色器工具：使用当前颜色为符号范例填色。

符号滤色器工具：用于增加符号范例的透明度。按住 Alt 键，可以减小符号范例的透明度。

符号样式器工具：用于将当前样式应用到符号范例中。

设置符号工具的属性，双击任意一个符号工具将弹出 "符号工具选项" 对话框，如图 5-251 所示。

"直径" 选项：设置笔刷直径的数值。这时的笔刷指的是选取符号工具后，鼠标指针的形状。

图 5-251

"强度" 选项：设置拖曳鼠标时，符号范例随鼠标变化的速度。数值越大，被操作的符号范例变化越快。

"符号组密度" 选项：设置符号集合中包含符号范例的密度。数值越大，符号集合所包含的符号范例的数目就越多。

"显示画笔大小和强度" 复选框：勾选该复选框，在使用符号工具时可以看到笔刷；不勾选该复选框，则隐藏笔刷。

使用符号工具应用符号的具体操作如下。

选择符号喷枪工具，鼠标指针将变成一个中间有喷壶的圆形，如图 5-252 所示。在 "符号" 控制面板中选取一种需要的符号对象，如图 5-253 所示。

在页面上按住鼠标左键不放拖曳鼠标，符号喷枪工具将沿着拖曳的轨迹喷射出多个符号范例，这些符号范例将组成一个符号集合，如图 5-254 所示。

图 5-252　　　　　　　　图 5-253　　　　　　　　图 5-254

使用选择工具选中符号集合，再选择符号移位器工具，将鼠标指针移到要移动的符号范例上，按住鼠标左键不放拖曳鼠标，符号范例将随之移动，如图 5-255 所示。

使用选择工具选中符号集合，选择符号紧缩器工具，将鼠标指针移到要使用符号紧缩器工具的符号范例上，按住鼠标左键不放拖曳鼠标，符号范例被紧缩，如图 5-256 所示。

使用选择工具选中符号集合，选择符号缩放器工具，将鼠标指针移到要调整的符号范例上，按住鼠标左键不放拖曳鼠标，符号范例将变大，如图 5-257 所示。按住 Alt 键，则可缩小符号范例。

图 5-255　　　　　　　　图 5-256　　　　　　　　图 5-257

使用选择工具选中符号集合，选择符号旋转器工具，将鼠标指针移到要旋转的符号范例上，按住鼠标左键不放拖曳鼠标，符号范例将发生旋转，如图 5-258 所示。

在"色板"控制面板或"颜色"控制面板中设定一种颜色作为当前色，使用选择工具选中符号集合，选择符号着色器工具，将鼠标指针移到要填充颜色的符号范例上，按住鼠标左键不放拖曳鼠标，符号范例被填充上当前色，如图 5-259 所示。

图 5-258　　　　　　　　图 5-259

使用选择工具选中符号集合，选择符号滤色器工具，将鼠标指针移到要改变透明度的符号范例上，按住鼠标左键不放拖曳鼠标，可以增大符号范例的透明度，如图 5-260 所示。按住 Alt 键，可以减小符号范例的透明度。

使用选择工具选中符号集合，选择符号样式器工具，在"图形样式"控制面板中选中一种样式，将鼠标指针移到要改变样式的符号范例上，按住鼠标左键不放拖曳鼠标，可以改变符号范例的样式，如图 5-261 所示。

使用选择工具选中符号集合，选择符号喷枪工具，按住 Alt 键，在要删除的符号范例上按住鼠标左键不放拖曳鼠标，可以将鼠标指针经过的区域中的符号范例删除，如图 5-262 所示。

| 图 5-260 | 图 5-261 | 图 5-262 |

课堂练习——绘制新年贺卡

【练习知识要点】使用矩形工具和网格工具制作背景效果，使用复制粘贴命令添加装饰图形，使用文字工具、填充工具和旋转工具添加主体文字，使用文字工具和变形命令添加祝福语，如图 5-263 所示。

【素材所在位置】Ch05\素材\绘制新年贺卡\01。

【效果所在位置】Ch05\效果\绘制新年贺卡.ai。

图 5-263

课后习题——绘制音乐节插画

【习题知识要点】使用倾斜工具制作矩形的倾斜效果，使用投影命令为文字添加投影效果，使用色板为图形添加图案，使用符号库添加需要的符号，如图 5-264 所示。

【素材所在位置】Ch05\素材\绘制音乐节插画\01。

【效果所在位置】Ch05\效果\绘制音乐节插画.ai。

图 5-264

第6章 文本的编辑

本章介绍

Illustrator CS6 提供了强大的文本编辑和图文混排功能。文本对象可以和一般图形对象一样进行各种变换和编辑，同时可以通过应用各种外观和样式属性制作出绚丽多彩的文本效果。Illustrator CS6 支持多个国家的语言，有针对汉字等双字节编码的竖排功能。

学习目标

● 掌握不同类型文本的输入方法。

● 熟练掌握字符格式的设置方法。

● 熟练掌握段落格式的设置方法。

● 掌握将文字转为图形的方法。

● 了解分栏和链接文本的技巧。

● 掌握图文混排的设置方法。

技能目标

● 掌握"蛋糕标签"的绘制方法。

● 掌握"生日热气球"的绘制方法。

● 掌握"快乐标志"的制作方法。

6.1 创建文本

当准备创建文本时，按住文字工具 T 不放，会弹出文字展开式工具栏，单击工具栏中的 ▶ 按钮，可使文字的展开式工具栏从工具箱中分离出来，如图 6-1 所示。

图 6-1

工具栏中共有 6 种文字工具，可以用来输入各种类型的文字，以满足不同的文字处理需要。6 种文字工具依次为文字工具 T、区域文字工具 T、路径文字工具 、直排文字工具 T、直排区域文字工具 T 和直排路径文字工具 。

文字可以直接输入，也可通过选择"文件 > 置入"命令从外部置入。单击文字工具，会显示其对应的光标，如图 6-2 所示。从当前文字工具的光标样式可以知道创建文字对象的样式。

图 6-2

功能介绍

文字工具：可以用来输入点文本和文本块。

路径文字工具：可以在创建文本时，让文本沿着一个开放或闭合路径的边缘进行水平或垂直方向的排列，路径可以是规则或不规则的。

6.1.1 课堂案例——绘制蛋糕标签

【案例学习目标】使用绘图工具、路径工具和路径文字工具绘制蛋糕标签。

【案例知识要点】使用矩形工具和椭圆工具制作背景底图，使用钢笔工具和渐变填充工具绘制蛋糕和咖啡豆图形，使用星形工具绘制装饰星形，使用文字工具和路径文字工具添加标签文字，效果如图 6-3 所示。

图 6-3

【效果所在位置】Ch06 \效果\绘制蛋糕标签.ai。

1. 绘制标签底图

（1）按 Ctrl+N 组合键，新建一个文档，设置文档的宽度为 240mm，高度为 150mm，取向为横向，颜色模式为 CMYK。

（2）选择矩形工具 ，在页面中绘制一个矩形，如图 6-4 所示。选择椭圆工具 ，按住 Shift 键的同时，在矩形左上方绘制一个圆形，如图 6-5 所示。

图 6-4   图 6-5

（3）选择选择工具 ，按住 Alt+Shift 组合键的同时，水平向下拖曳圆形到适当的位置，复制圆形，如图 6-6 所示。连续按 Ctrl+D 组合键，复制出多个圆形，效果如图 6-7 所示。

图 6-6   图 6-7

（4）选择选择工具 ，将左侧的圆形同时选取，按住 Alt+Shift 组合键的同时，水平向右拖曳圆形到适当的位置，复制圆形，如图 6-8 所示。将所有的图形同时选取，如图 6-9 所示。

图 6-8   图 6-9

（5）选择"窗口 > 路径查找器"命令，弹出"路径查找器"面板，单击"减去顶层"按钮 ，剪切后的效果如图 6-10 所示。双击渐变工具 ，弹出"渐变"控制面板，在色带上设置两个渐变滑块，分别将渐变滑块的位置设置为 0、100，并设置 C、M、Y、K 的值分别为 0（50、80、100、0）、100（50、100、100、70），其他选项的设置如图 6-11 所示，图形被填充渐变色，并设置描边色为无，效果如图 6-12 所示。

图 6-10   图 6-11   图 6-12

（6）选择圆角矩形工具 ，在页面中适当的位置单击，弹出"圆角矩形"对话框，设置如图 6-13 所示，单击"确定"按钮，得到一个圆角矩形，并将其拖曳到适当的位置。设置图形填充色为桃红色（其 C、M、Y、K 的值分别为 15、90、60、0），填充图形，并设置描边色为无，效果如图 6-14 所示。

（7）将两个图形同时选取，选择"窗口 > 对齐"命令，弹出"对齐"面板，单击"水平居中对齐"按钮和"垂直居中对齐"按钮，使图形居中对齐，如图 6-15 所示。

图 6-13　　　　　　　　　图 6-14　　　　　　　　　图 6-15

（8）选择钢笔工具，在适当的位置绘制图形，如图 6-16 所示。设置图形填充色为粉红色（其 C、M、Y、K 的值分别为 25、100、70、10），填充图形，并设置描边色为无，效果如图 6-17 所示。

图 6-16　　　　　　　　　图 6-17

（9）选择"窗口 > 透明度"命令，弹出"透明度"控制面板，选项的设置如图 6-18 所示，效果如图 6-19 所示。

图 6-18　　　　　　　　　图 6-19

（10）选择圆角矩形工具，在适当的位置绘制圆角矩形，如图 6-20 所示。选择选择工具，按住 Shift 键的同时，将圆角矩形和下方的粉红色图形同时选取，如图 6-21 所示。按 Ctrl+7 组合键，创建剪切蒙版，效果如图 6-22 所示。

图 6-20　　　　　　　　　图 6-21　　　　　　　　　图 6-22

2．绘制蛋糕标签

（1）选择圆角矩形工具，在适当的位置绘制圆角矩形，设置图形填充色为咖啡色（其 C、M、Y、K 的值分别为 38、79、93、51），填充图形，并设置描边色为无，效果如图 6-23 所示。

（2）选择钢笔工具，在适当的位置绘制图形，如图 6-24 所示。选择选择工具，将所有图形同时选取，选择"对象 > 复合路径 > 建立"命令，创建复合路径，如图 6-25 所示。

图 6-23　　　　　　　　　图 6-24　　　　　　　　　图 6-25

（3）选择选择工具，将图形拖曳到适当的位置，如图 6-26 所示。在"渐变"控制面板中的色带上设置两个渐变滑块，分别将渐变滑块的位置设置为 0、100，并设置 C、M、Y、K 的值分别为 0（0、0、0、0）、100（0、20、100、0），其他选项的设置如图 6-27 所示，图形被填充渐变色，并设置描边色为无，效果如图 6-28 所示。选择渐变工具，从图形的左上方向右下方拖曳鼠标填充渐变色，效果如图 6-29 所示。

图 6-26　　　　　　　　　图 6-27　　　　　　　　　图 6-28　　　　　　　　　图 6-29

（4）选择星形工具，在适当的位置单击，弹出"星形"对话框，选项的设置如图 6-30 所示，单击"确定"按钮，绘制星形，如图 6-31 所示。设置图形填充色为黄色（其 C、M、Y、K 的值分别为 20、0、100、0），填充图形，并设置描边色为无，效果如图 6-32 所示。复制图形并分别调整其位置和角度，如图 6-33 所示。

图 6-30　　　　　　　　　图 6-31　　　　　　　　　图 6-32　　　　　　　　　图 6-33

3．添加标签文字

（1）选择钢笔工具 ，在页面中适当的立置绘制路径，如图 6-34 所示。选择路径文字工具 ，在路径上单击，插入光标，如图 6-35 所示；输入需要的文字，在属性栏中选择合适的字体并设置适当的文字大小，设置文字填充色为淡黄色（其 C、M、Y、K 的值分别为 0、0、50、0），填充文字，效果如图 6-36 所示。用相同的方法制作下面的路径文字，效果如图 6-37 所示。

图 6-34　　　　　　图 6-35　　　　　　图 6-36　　　　　　图 6-37

（2）选择钢笔工具 ，在适当的位置绘制路径，如图 6-38 所示。在"渐变"控制面板中的色带上设置两个渐变滑块，分别将渐变滑块的位置设置为 0、100，并设置 C、M、Y、K 的值分别为 0（50、80、100、0）、100（50、100、100、70），其也选项的设置如图 6-39 所示，图形被填充渐变色，并设置描边色为无，效果如图 6-40 所示。

图 6-38　　　　　　　　　图 6-39　　　　　　　　　图 6-40

（3）选择选择工具 ，选取图形，按 Ctrl+C 组合键，复制图形。在"透明度"面板中单击"制作蒙版"按钮，取消勾选"剪切"复选框，如图 6-41 所示。单击右侧的"编辑不透明蒙版"图框，按 Ctrl+F 组合键，将复制的图形贴在前面，如图 6-42 所示。

图 6-41　　　　　　　　　图 6-42

（4）保持图形的选取状态，在"渐变"控制面板中，将渐变色设置为从黑色到白色，其他选项的设置如图 6-43 所示。图形被填充渐变色，效果如图 6-44 所示。在"透明度"面板中单击左侧的"停止编辑不透明蒙版"图框，如图 6-45 所示，进入图形编辑状态。

图 6-43　　　　　　　　　图 6-44　　　　　　　　　图 6-45

（5）选择钢笔工具![pen]，在适当的位置绘制图形，如图 6-46 所示。在"渐变"控制面板中的色带上设置两个渐变滑块，分别将渐变滑块的位置设置为 7、93，并设置 C、M、Y、K 的值分别为 7（66、74、100、48）、93（78、79、93、67），其他选项的设置如图 6-47 所示，图形被填充渐变色，并设置描边色为无，效果如图 6-48 所示。

图 6-46　　　　　　　　　图 6-47　　　　　　　　　图 6-48

（6）选择钢笔工具![pen]，在适当的位置绘制图形，如图 6-49 所示。在"渐变"控制面板中的色带上设置 4 个渐变滑块，分别将渐变滑块的位置设置为 8、16、60、91，并设置 C、M、Y、K 的值分别为 8（66、74、100、48）、16（66、74、100、48）、60（25、52、65、0）、91（66、74、100、48），其他选项的设置如图 6-50 所示，图形被填充渐变色，并设置描边色为无，效果如图 6-51 所示。

图 6-49　　　　　　　　　图 6-50　　　　　　　　　图 6-51

（7）用相同的方法再绘制一个图形，并填充与下方图形相同的渐变色，效果如图 6-52 所示。用相同的方法绘制另一个图形，如图 6-53 所示。

（8）选择选择工具![select]，将两个图形同时选取，并拖曳到适当的位置，效果如图 6-54 所示。按住 Shift 键的同时，将右侧的图形同时选取，连续按 Ctrl+[组合键，向后移动图形，效果如图 6-55 所示。蛋糕标签绘制完成。

图 6-52   图 6-53   图 6-54   图 6-55

6.1.2　文本工具的使用

使用文字工具 T 和直排文字工具 IT 可以直接输入沿水平方向和垂直方向排列的文本。

1．输入点文本

选择文字工具 T 或直排文字工具 IT，在绘图页面中单击，会出现插入文本的光标，切换到需要的输入法并输入文本，如图 6-56 所示。

> **提示**　当输入的文本需要换行时，按 Enter 键可以开始新的一行。

结束文字的输入后，单击选择工具 ▶ 即可选中输入的文字，这时文字周围会出现一个选择框，文本上的细线是文字基线的位置，如图 6-57 所示。

图 6-56

图 6-57

2．输入文本块

使用文字工具 T 或直排文字工具 IT 可以绘制文本框，在文本框中可以输入文字。

选择文字工具 T 或直排文字工具 IT，在页面中需要输入文字的位置按住鼠标左键拖曳，如图 6-58 所示。当绘制的文本框大小符合需要时，释放鼠标，页面上会出现一个蓝色的矩形文本框，文本框左上角会出现插入光标，如图 6-59 所示。

可以在矩形文本框中输入文字，输入的文字将在指定的区域内排列，如图 6-60 和图 6-61 所示。当输入的文字到达矩形文本框的边界时，文字将自动换行。

图 6-58

图 6-59

好雨知时节，当春乃发生。随风潜入夜，润物细无声。野径云俱黑，江船火独明。晓看红湿处，花重锦官城。好雨知时节，当春乃发生。随风潜入夜润物细无声。野径云俱黑，江船火独明。

图 6-60

好雨知时节，当春乃发生。随风潜入夜，润物细无声。野径云俱黑，江船火独明。晓看红湿处，花重锦官城。好雨知时节，当春乃发生。随风潜入夜，润物细无声。野径云俱黑，江船，

图 6-61

6.1.3　区域文本工具的使用

在 Illustrator CS6 中，可以创建任意形状的文本对象。

绘制一个填充颜色的图形对象，如图 6-62 所示。选择文字工具 T 或区域文字工具 T，当鼠标指针移动到图形对象的边框上时，将变成 T 形状，如图 6-63 所示，在图形对象上单击，图形对象的填充和描边填充属性被取消，图形对象转换为文本路径，并且在图形对象内出现一个闪烁的插入光标，如图 6-64 所示。

图 6-62　　　　　　　图 6-63　　　　　　　图 6-64

在插入光标处输入文字，输入的文字会按水平方向在该对象内排列。如果输入的文字超出了文本路径所能容纳的范围，将出现文本溢出的现象，这时文本路径的右下角会出现一个红色 ⊞ 号标志，如图 6-65 所示。

使用选择工具 ▶ 选中文本路径，拖曳文本路径周围的控制点来调整文本路径的大小，可以显示所有的文字，如图 6-66 所示。

使用直排文字工具 T 和直排区域文字工具 T 的方法与使用文字工具 T 的方法一样，但直排文字工具 T 和直排区域文字工具 T 在文本路径中创建的是竖排文字，如图 6-67 所示。

图 6-65　　　　　　　图 6-66　　　　　　　图 6-67

6.1.4　路径文本工具的使用

使用路径文字工具 ⟨ 和直排路径文字工具 ⟨，可以在创建文本时，让文本沿着一个开放或闭合路径的边缘进行水平或垂直方向的排列，路径可以是规则或不规则的。如果使用这两种工具，原来的路径将不再具有填充或描边填充的属性。

1．创建路径文本

（1）沿路径创建水平方向的文本。

使用钢笔工具 ⟨ 在页面上绘制一个任意形状的开放路径，如图 6-68 所示。使用路径文字工具 ⟨ 在绘制好的路径上单击，路径将转换为文本路径，文本插入点位于文本路径的左侧，如图 6-69 所示。

图 6-68   图 6-69

在光标处输入需要的文字，文字将会沿着路径排列，文字的基线与路径是平行的，效果如图 6-70 所示。

（2）沿路径创建垂直方向的文本。

使用钢笔工具在页面上绘制一个任意形状的开放路径，使用直排路径文字工具在绘制好的路径上单击，路径将转换为文本路径，文本插入点位于文本路径的左侧，如图 6-71 所示。

图 6-70   图 6-71

在光标处输入需要的文字，文字将会沿着路径排列，文字的基线与路径是垂直的，效果如图 6-72 所示。

图 6-72

2．编辑路径文本

如果对创建的路径文本不满意，可以对其进行编辑。

选择选择工具或直接选择工具，选取要编辑的路径文本。这时在文本开始处会出现一个 I 形的符号，如图 6-73 所示。

图 6-73

拖曳文字左侧的 I 形符号，可沿路径移动文本，如图 6-74 所示。按住 I 形符号向路径相反的方向拖曳，可以翻转文本的方向，如图 6-75 所示。

图 6-74

图 6-75

6.2　编辑文本

在 Illustrator CS6 中，可以使用选择工具和菜单命令对文本框进行编辑，也可以使用修饰文本工具对文本框中的文本进行单独编辑。

通过选择工具和菜单命令可以改变文本框的形状以编辑文本。

使用选择工具 单击文本，可以选中文本对象。完全选中的文本块包括内部文字与文本框。文本块被选中时，文字中的基线就会显示出来，如图 6-76 所示。

图 6-76

提示 编辑文本之前，必须选中文本。

当文本对象完全被选中后，拖曳可以移动其位置。选择"对象 > 变换 > 移动"命令，弹出"移动"对话框，通过设置数值可以精确移动文本对象。

选择选择工具 ，拖曳文本框上的控制点，可以改变文本框的大小，如图 6-77 所示，释放鼠标，效果如图 6-78 所示。

使用比例缩放工具 可以对选中的文本对象进行缩放，如图 6-79 所示。选择"对象 > 变换 > 缩放"命令，弹出"比例缩放"对话框，通过设置数值可以精确缩放文本对象，效果如图 6-80 所示。

图 6-77　　　　　　图 6-78　　　　　　图 6-79　　　　　　图 6-80

编辑部分文字时，先选择文字工具 ，然后将鼠标指针移动到文本上，单击插入光标，接着按住鼠标左键拖曳，即可选中部分文本。选中的文本将反白显示，效果如图 6-81 所示。

使用选择工具 在文本区域内双击，进入文本编辑状态。在文本编辑状态下，双击一句话即可选中这句话。按 Ctrl+A 组合键，可以选中整个段落，如图 6-82 所示。

选择"对象 > 路径 > 清理"命令，弹出"清理"对话框，如图 6-83 所示，勾选"空文本路径"复选框可以删除空的文本路径。

图 6-81　　　　　　图 6-82　　　　　　图 6-83

提示 在其他的软件中复制文本，再在 Illustrator CS6 中选择"编辑 > 粘贴"命令，可以将其他软件中的文本复制到 Illustrator CS6 中。

6.3　设置字符格式

在 Illustrator CS6 中，可以设置字符的格式。字符格式包括文字的字体、字号、颜色和字符间距等。

选择"窗口 > 文字 > 字符"命令（快捷键为 Ctrl+T），弹出"字符"控制面板，如图 6-84 所示。

"字体"选项：单击选项文本框右侧的 ▼ 按钮，可以从弹出的下拉列表中选择一种需要的字体。

"设置字体大小"选项 T̂T̂：用于控制文字的大小，单击数值框左侧的上、下微调按钮 ⇕，可以逐级调整字号。

"设置行距"选项 ĀA：用于控制文本的行距，定义文本中行与行之间的距离。

图 6-84

"垂直缩放"选项 ĪT：可以使文字尺寸横向保持不变，纵向被缩放，缩放比例小于 100％时文字被压扁，大于 100％时文字被拉长。

"水平缩放"选项 T̄：可以使文字的纵向大小保持不变，横向被缩放，缩放比例小于 100％时文字被压扁，大于 100％时文字被拉伸。

"设置两个字符间的字距微调"选项 V̄A：用于细微地调整字符的水平间距。输入正值时，字距变大；输入负值时，字距变小。

"设置所选字符的字符调整"选项 VA̱：用于调整字符与字符之间的距离。

"设置基线偏移"选项 Aᵃᵇ：用于调节文字的上下位置，通过此项可以为文字制作上标或下标。该选项为正值时表示文字上移，为负值时表示文字下移。

"字符旋转"选项 Ⓣ：用于设置字符的旋转角度。

功能介绍

字体和字号命令：用于设置文字的字体和大小。

6.3.1 课堂案例——绘制生日热气球

【案例学习目标】使用文字工具和路径文字工具添加文字。

【案例知识要点】使用多种绘图工具绘制热气球，使用文字工具输入文字，使用钢笔工具和路径文字工具制作路径文本，效果如图 6-85 所示。

【效果所在位置】Ch06\效果\绘制生日热气球.ai。

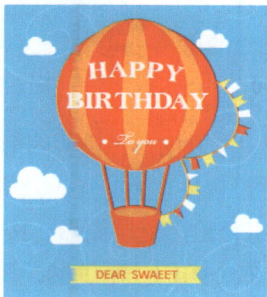

图 6-85

（1）按 Ctrl+N 组合键，新建一个文档，设置文档的宽度为 130mm，高度为 150mm，取向为竖向，颜色模式为 CMYK。

（2）选择矩形工具 ▣，在适当的位置绘制矩形，设置图形填充色为蓝色（其 C、M、Y、K 的值分别为 69、5、14、0），填充图形，并设置描边色为无，效果如图 6-86 所示。

（3）按 Ctrl+O 组合键，打开本书学习资源中的"Ch06 > 素材 > 绘制生日热气球 > 01"文件。按 Ctrl+A 组合键，全选图形，复制并将其粘贴到正在编辑的页面中，选择选择工具 ▸，选取图形并将其拖曳到适当的位置，效果如图 6-87 所示。

（4）选择椭圆工具 ◉，在适当的位置绘制椭圆形，设置图形填充色为橘红色（其 C、M、Y、K 的值分别为 1、81、89、0），填充图形，并设置描边色为无，效果如图 6-88 所示。

图 6-86　　　　　　　　　图 6-87　　　　　　　　　图 6-88

（5）选择椭圆工具 ◉，在适当的位置绘制椭圆形，设置图形填充色为橘色（其 C、M、Y、K 的值分别为 0、55、76、0），填充图形，并设置描边色为无，效果如图 6-89 所示。用相同的方法绘制其他图形，并填充相应的颜色，效果如图 6-90 所示。

（6）选择圆角矩形工具 ▣，在适当的位置绘制图形，并将其旋转到适当的角度。设置图形填充色为橘红色（其 C、M、Y、K 的值分别为 1、81、89、0），填充图形，并设置描边色为无，效果如图 6-91 所示。用相同的方法绘制其他图形，效果如图 6-92 所示。

图 6-89　　　　　　图 6-90　　　　　　图 6-91　　　　　　图 6-92

（7）选择椭圆工具 ◉，在适当的位置绘制图形，设置图形填充色为橘红色（其 C、M、Y、K 的值分别为 1、81、89、0），填充图形，并设置描边色为无，效果如图 6-93 所示。

（8）选择选择工具 ▸，按 Ctrl+C 组合键，复制图形，按 Ctrl+F 组合键，将复制的图形粘贴在前面，按 Shift+Alt 组合键的同时，拖曳右下角的控制手柄，调整图形的大小，然后设置图形填充色为橘色（其 C、M、Y、K 的值分别为 0、55、76、0），填充图形，并设置描边色为无，效果如图 6-94 所示。

（9）选择矩形工具 ▣，在适当的位置绘制图形，设置图形填充色为橘红色（其 C、M、Y、K 的值分别为 1、81、89、0），填充图形，并设置描边色为无，效果如图 6-95 所示。

| 图 6-93 | 图 6-94 | 图 6-95 |

（10）选择直接选择工具 ，选取需要的锚点，如图 6-96 所示，将其向右拖曳到适当的位置，效果如图 6-97 所示。用相同的方法拖曳其他锚点到适当的位置，效果如图 6-98 所示。

| 图 6-96 | 图 6-97 | 图 6-98 |

（11）按 Ctrl+ [组合键，将图形后移一层，效果如图 6-99 所示。选择椭圆工具 ，在适当的位置绘制图形，设置图形填充色为橘红色（其 C、M、Y、K 的值分别为 1、81、89、0），填充图形，并设置描边色为无，效果如图 6-100 所示。

（12）选择钢笔工具 ，在适当的位置绘制图形。设置图形填充色为橘色（其 C、M、Y、K 的值分别为 0、55、76、0）填充图形，并设置描边色为无，效果如图 6-101 所示。

| 图 6-99 | 图 6-100 | 图 6-101 |

（13）选择钢笔工具 ，在适当的位置绘制图形。设置图形填充色为黄色（其 C、M、Y、K 的值分别为 7、15、75、0），填充图形，并设置描边色为无，效果如图 6-102 所示。用相同的方法绘制其他图形，效果如图 6-103 所示。

（14）选择钢笔工具 ，在适当的位置绘制图形，填充图形为白色，并设置描边色为无，效果如图 6-104 所示。

（15）选择选择工具 ，按住 Alt 键的同时，将图形分别拖曳到适当的位置，复制图形并调整其大小，效果如图 6-105 所示。

| 图 6-102 | 图 6-103 | 图 6-104 | 图 6-105 |

（16）选择钢笔工具 ，在适当的位置绘制图形。设置图形填充色为黄色（其 C、M、Y、K 的值分别为 7、15、75、0），填充图形，并设置描边色为无，效果如图 6-106 所示。选择钢笔工具 ，在适当的位置绘制一段路径，如图 6-107 所示。

（17）选择路径文字工具 ，在路径上单击，插入光标，输入需要的文字，在属性栏中选择合适的字体并设置适当的文字大小，填充文字为白色，效果如图 6-108 所示。

（18）选择文字工具 ，分别输入需要的文字，选择选择工具 ，在属性栏中分别选择合适的字体并设置文字大小，效果如图 6-109 所示。设置文字填充色为橘红色（其 C、M、Y、K 的值分别为 1、81、89、0），填充图形，并设置描边色为无，效果如图 6-110 所示。

| 图 6-106 | 图 6-107 | 图 6-108 | 图 6-109 | 图 6-110 |

（19）选择椭圆工具 ，按住 Shift 键的同时，在适当的位置绘制圆形，填充图形为白色，并设置描边色为无，效果如图 6-111 所示。选择选择工具 ，按住 Alt 键的同时，向右拖曳图形，将其复制，效果如图 6-112 所示。生日热气球绘制完成，效果如图 6-113 所示。

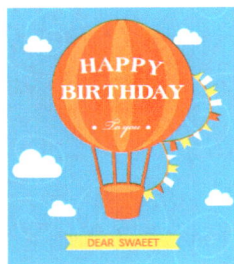

| 图 6-111 | 图 6-112 | 图 6-113 |

6.3.2 设置字体和字号

选择"字符"控制面板，在"字体"下拉列表中选择一种字体，即可将该字体应用到选中的文字中，各种字体的效果如图 6-114 所示。

Illustrator
文鼎齿轮体

Illustrator
文鼎弹簧体

Illustrator
文鼎花瓣体

Illustrator
Arial

Illustrator
Arial Black

Illustrator
ITC Garamon

图 6-114

Illustrator CS6 提供的每种字体都有一定的字形，如常规、加粗和斜体等。

提示 默认字体单位为 pt，72pt 相当于 1 英寸。默认状态下字号为 12pt，可调整的范围为 0.1～1296。

选中部分文本，如图 6-115 所示。选择'窗口 > 文字 > 字符'命令，弹出"字符"控制面板，从"字体"下拉列表中选择一种字体，如图 6-116 所示；或选择"文字 > 字体"命令，在列出的字体中进行选择，更改文本字体后的效果如图 6-117 所示。

空山新雨后，
天气晚来秋。
明月松间照，
清泉石上流。

空山新雨后，
天气晚来秋。
明月松间照，
清泉石上流。

图 6-115   图 6-116   图 6-117

选中文本，单击"字体大小" 数值框后的 按钮，在弹出的下拉列表中可以选择合适的字体大小，也可以通过数值框左侧的上、下微调按钮 来调整字号大小。文本字号为 18pt 和 22pt 时的效果如图 6-118 和图 6-119 所示。

空山新雨后，
天气晚来秋。
明月松间照，
清泉石上流。

空山新雨后，
天气晚来秋。
明月松间照，
清泉石上流。

图 6-118   图 6-119

6.3.3　调整字距

当需要调整字符之间的距离时，可使用"字符"控制面板中的两个选项，即"设置两个字符间的字距微整"选项 和"设置所选字符的字距调整"选项 。"设置两个字符间的字距微整"选项 用来控制两个文字或字母之间的距离。"设置所选字符的字距调整"选项 可使两个或更多个被选择的文字或字母之间保持相同的距离。

选中要设置字距的文字，如图 6-120 所示。在"字符"控制面板的"设置两个字符间的字距微整" ⃞ 的下拉列表中选择"自动"选项，这时就会以最合适的参数值设置选中文字间的距离。

空山新雨后

图 6-120

提示 在"特殊字距"数值框中输入 0 时，将关闭自动调整文字距离的功能。

将光标插入需要调整间距的两个文字之间，如图 6-121 所示。在"设置两个字符间的字距微整" ⃞ 的数值框中输入的数值，就可以调整两个文字之间的距离。设置数值为 300，按 Enter 键确认，效果如图 6-122 所示；设置数值为-300，按 Enter 键确认，效果如图 6-123 所示。

空山新|雨后　　空山新 |雨后　　空山新雨后

图 6-121　　　　　　图 6-122　　　　　　图 6-123

选中整个文本对象，如图 6-124 所示，在"设置所选字符的字距调整" ⃞ 的数值框中输入数值，可以调整文本字符间的距离。设置数值为 200，按 Enter 键确认，效果如图 6-125 所示；设置数值为-200，按 Enter 键确认，效果如图 6-126 所示。

图 6-124　　　　　　图 6-125　　　　　　图 6-126

6.3.4　设置行距

行距是指文本中行与行之间的距离。如果没有自定义行距值，系统将使用自动行距，这时系统将以最适合的参数设置行间距。

选中文本，如图 6-127 所示。在"字符"控制面板的"行距" ⃞ 数值框中输入所需要的数值，可以调整行与行之间的距离。设置"行距"数值为 36，按 Enter 键确认，效果如图 6-128 所示。

空山新雨后，
天气晚来秋。
明月松间照，
清泉石上流。

空山新雨后，

天气晚来秋。

明月松间照，

清泉石上流。

图 6-127　　　　　　图 6-128

6.3.5　水平或垂直缩放

当改变文本的字号时，它的高度和宽度将同时发生改变，而利用"垂直缩放"选项 ﹗T 或"水平缩放"选项 ﹗T 可以单独改变文本的高度和宽度。

默认状态下，对于横排的文本，"垂直缩放"选项 ﹗T 保持文本的宽度不变，只改变文本的高度；"水平缩放"选项 ﹗T 将在保持文本高度不变的情况下，改变文本的宽度；对于竖排的文本，会产生相反的效果，即"垂直缩放"选项 ﹗T 改变文本的宽度，"水平缩放"选项 ﹗T 改变文本的高度。

选中文本，如图 6-129 所示，文本为默认状态下的效果。在"垂直缩放" ﹗T 的数值框中设置数值为 175%，按 Enter 键确认，文本的垂直缩放效果如图 6-130 所示。

在"水平缩放" ﹗T 的数值框中设置数值为 175%，按 Enter 键确认，文本的水平缩放效果如图 6-131 所示。

图 6-129　　　　　　　　　图 6-130　　　　　　　　　图 6-131

6.3.6　基线偏移

基线偏移就是改变文字与基线的距离，从而提高或降低被选中文字相对于其他文字的排列位置。使用"基线偏移"选项 A﹢ 可以创建上标或下标，或在不改变文本方向的情况下，更改路径文本在路径上的排列位置。

如果"基线偏移"选项 A﹢ 在"字符"控制面板中是隐藏的，可以从"字符"控制面板的下拉菜单中选择"显示选项"命令，如图 6-132 所示，显示出"基线偏移"选项 A﹢，如图 6-133 所示。

图 6-132　　　　　　　　　　　　图 6-133

设置"基线偏移"选项 A﹢ 可以改变文本在路径上的位置。文本在路径的外侧时选中文本，如图 6-134 所示。在"基线偏移" A﹢ 的数值框中设置数值为-30，按 Enter 键确认，文本就会被移动到路径的内侧，效果如图 6-135 所示。

图 6-134　　　　　　　　　图 6-135

通过设置"基线偏移"选项 ![基线偏移图标]，还可以制作有上标和下标显示的数学等式。输入需要的数值，如图 6-136 所示，将表示平方的字符"2"选中并使用较小的字号，如图 6-137 所示。再在"基线偏移" ![基线偏移图标] 的数值框中设置数值为 28，按 Enter 键确认，平方的字符制作完成，如图 6-138 所示。使用相同的方法制作其他上标字符，如图 6-139 所示。

$$22+52=29 \qquad 2\,2+52=29 \qquad 2^2+52=29 \qquad 2^2+5^2=29$$

图 6-136　　　　　　　图 6-137　　　　　　　图 6-138　　　　　　　图 6-139

提示　若要取消"基线偏移"的效果，选择相应的文本后，在"基线偏移"的数值框中设置数值为 0 即可。

6.3.7　文本的颜色和变换

Illustrator CS6 中的文字和图形一样，具有填充和描边属性。在默认设置状态下，文字的描边颜色为无色，填充颜色为黑色。

使用工具箱中的"填色"或"描边"按钮，可以使文字处于填充或描边状态。使用"颜色"控制面板可以填充或更改文本的填充颜色或描边颜色。使用"色板"控制面板中的颜色和图案可以为文字上色和填充图案。

提示　在对文本进行轮廓化处理前，渐变的效果不能应用到文字上。

选中文本，在工具箱中单击"填色"按钮，如图 6-140 所示。在"色板"控制面板中单击需要的颜色，如图 6-141 所示，文字的颜色填充效果如图 6-142 所示。在"色板"控制面板中单击需要的图案，如图 6-143 所示，文字的图案填充效果如图 6-144 所示。

图 6-140　　　　　　　图 6-141　　　　　　　图 6-142

图 6-143　　　　　　　图 6-144

选中文本，在工具箱中单击"描边"按钮，在"描边"控制面板中设置描边的宽度，如图 6-145

所示，文字的描边效果如图 6-146 所示。在"色板"控制面板中单击需要的图案，如图 6-147 所示，文字描边的图案填充效果如图 6-148 所示。

图 6-145　　　　　图 6-146　　　　　图 6-147　　　　　图 6-148

选择"对象 > 变换"命令或变换工具，可以对文本进行变换。选中要变换的文本，使用变换工具可以对文本进行旋转、对称、缩放和倾斜等变换操作。将文本进行倾斜，效果如图 6-149 所示，旋转效果如图 6-150 所示，对称效果如图 6-151 所示。

图 6-149　　　　　　　　图 6-150　　　　　　　　图 6-151

6.4　设置段落格式

"段落"控制面板提供了文本对齐、段落缩进、段落间距及制表符等设置，可用于处理较长的文本。选择"窗口 > 文字 > 段落"命令（快捷键为 Alt+Ctrl+T），弹出"段落"控制面板，如图 6-152 所示。

图 6-152

6.4.1　文本对齐

文本对齐是指所有的文字在段落中按一定的标准有序地排列。Illustrator CS6 提供了 7 种文本对齐的方式，分别为左对齐▤、居中对齐▤、右对齐▤、两端对齐末行左对齐▤、两端对齐末行居中对齐▤、两端对齐末行右对齐▤和全部两端对齐▤。

选中要对齐的段落文本，单击"段落"控制面板中的各个对齐方式按钮，应用不同对齐方式的段落文本效果如图 6-153 所示。

左对齐　　　　　　　　居中对齐　　　　　　　　右对齐

图 6-153

| 两端对齐末行左对齐 | 两端对齐末行居中对齐 | 两端对齐末行右对齐 | 全部两端对齐 |

图 6-153（续）

6.4.2　段落缩进

段落缩进是指在一个段落文本开始时需要空出的字符位置。选定的段落文本可以是文本块、区域文本或文本路径。段落缩进有 5 种方式，分别为左缩进、右缩进、首行左缩进、段前间距和段后间距。

选中段落文本，单击"左缩进"按钮或"右缩进"按钮，在缩进数值框内输入合适的数值。单击"左缩进"按钮或"右缩进"按钮右边的上下微调按钮，一次可以调整 1pt。在缩进数值框内输入正值时，表示文本框和文本之间的距离拉开；输入负值时，表示文本框和文本之间的距离缩小。

单击"首行左缩进"按钮，在第 1 行左缩进数值框内输入数值可以设置首行缩进后空出的字符位置。应用"段前间距"按钮和"段后间距"按钮，可以设置段落间的距离。

选中要缩进的段落文本，单击"段落"控制面板中的各个缩进方式按钮，应用不同缩进方式的段落文本效果如图 6-154 所示。

| 左缩进 | 右缩进 | 首行左缩进 |

| 段前间距 | 段后间距 |

图 6-154

6.5　将文本转换为轮廓

在 Illustrator CS6 中，将文本转换为轮廓后，可以像对其他图形对象一样对其进行编辑和操作。通过这种方式，可以创建多种特殊文字效果。

功能介绍

创建轮廓命令：可以将文字转换为轮廓图形，并对其进行编辑和操作。

6.5.1　课堂案例——制作快乐标志

【案例学习目标】使用文字工具和创建轮廓命令制作快乐标志。

【案例知识要点】使用文字工具输入文字，使用创建轮廓命令将文字转换为轮廓路径，使用变形工具和旋转扭曲工具制作笔画变形效果，效果如图 6-155 所示。

【效果所在位置】Ch06\效果\制作快乐标志.ai。

图 6-155

（1）按 Ctrl + O 组合键，打开本书学习资源中的"Ch06 > 素材 > 制作快乐标志 > 01"文件，如图 6-156 所示。选择文字工具，在页面空白处分别输入需要的文字。选择选择工具，在属性栏中选择合适的字体并分别设置文字大小，效果如图 6-157 所示。

图 6-156　　　　　　　　　图 6-157

（2）选择选择工具，分别将文字选取并旋转到适当的角度，效果如图 6-158 所示。选取上方的文字，向左拖曳右侧中间的控制手柄到适当的位置，效果如图 6-159 所示。选取下方的文字，按住 Alt 键的同时，按→键，调整文字间距，效果如图 6-160 所示。

（3）选择选择工具，将文字同时选取，选择"文字 > 创建轮廓"命令，将文字转换为轮廓，效果如图 6-161 所示。选择"对象 > 取消编组"命令，取消文字的编组。

图 6-158　　　　　　图 6-159　　　　　　图 6-160　　　　　　图 6-161

（4）选择钢笔工具，在"快"字上方单击，添加锚点，如图 6-162 所示。选择直接选择工具，选取需要的锚点并将其向上拖曳到适当的位置，如图 6-163 所示。再次单击选取需要的锚点，如图 6-164 所示，单击属性栏中的"将所选锚点转换为平滑"按钮，将锚点转换为平滑点，如图 6-165 所示，拖曳控制手柄调整锚点，效果如图 6-166 所示。

图 6-162　　　　图 6-163　　　　图 6-164　　　　图 6-165　　　　图 6-166

（5）用相同的方法将"快"字上方的其他锚点调整到适当的位置，效果如图 6-167 所示。再次选取"快乐"下方的锚点进行调整，效果如图 6-168 所示。

图 6-167　　　　　　图 6-168

（6）选择选择工具，选取"乐"字，双击变形工具，弹出"变形工具选项"对话框，设置如图 6-169 所示，单击"确定"按钮。在"乐"字左上角拖曳鼠标，使文字变形，效果如图 6-170 所示。

（7）选择旋转扭曲工具，在弹出的"旋转扭曲工具选项"对话框中进行设置，如图 6-171 所示，单击"确定"按钮。在"乐"字右下角单击鼠标，旋转笔画，效果如图 6-172 所示。

图 6-169　　　　　　图 6-170　　　　　　图 6-171　　　　　　图 6-172

（8）用上述方法旋转文字"家园"下方的笔画，效果如图 6-173 所示。选择选择工具，将文字同时选取，并拖曳到适当的位置，效果如图 6-174 所示。

图 6-173　　　　　　　　图 6-174

（9）设置文字填充色为黄色（其 C、M、Y、K 的值分别为 0、0、100、0），填充图形，效果如图 6-175 所示。选择"效果 > 风格化 > 投影"命令，在弹出的对话框中进行设置，如图 6-176 所示，单击"确定"按钮。快乐标志制作完成，效果如图 6-177 所示。

图 6-175　　　　　　　　图 6-176　　　　　　　　图 6-177

6.5.2　创建文本轮廓

选中文本，选择"文字 > 创建轮廓"命令（快捷键为 Shift +Ctrl+ O），创建文本轮廓，如图 6-178 所示。将文本转换为轮廓后，可以对文本进行渐变填充，效果如图 6-179 所示，还可以对文本应用滤镜，效果如图 6-180 所示。

图 6-178　　　　　　　　图 6-179　　　　　　　　图 6-180

提示　文本转换为轮廓后，将不再具有文本的一些属性，因此需要在文本转换成轮廓之前先按需要调整文本的字体大小。而且将文本转换为轮廓时，会把文本块中的文本全部转换为路径。不能在一行文本内转换单个文字，要想把一个单独的文字转换为轮廓，可以创建只包括该字的文本，然后进行转换。

6.6　分栏和链接文本

在 Illustrator CS6 中，大的段落文本经常采用分栏形式。分栏时，可自动创建链接文本，也可手动创建文本的链接。

6.6.1　创建文本分栏

在 Illustrator CS6 中，可以对一个选中的段落文本块进行分栏。不能对点文本或路径文本进行分栏，也不能对一个文本块中的部分文本进行分栏。

选中要进行分栏的文本块，如图 6-181 所示，选择"文字 > 区域文字选项"命令，弹出"区域文字选项"对话框，如图 6-182 所示。

图 6-181　　　　　　　　　　　　图 6-182

在"行"选项组的"数量"选项中输入数值，所有的行自动定义为相同的高度，建立文本分栏后可以改变各行的高度。"跨距"选项用于设置行的高度。

在"列"选项组的"数量"选项中输入数值，所有的栏自动定义为相同的宽度，建立文本分栏后可以改变各栏的宽度。"跨距"选项用于设置栏的宽度。

单击"文本排列"选项后的按钮，如图 6-183 所示，可以选择一种文本流在链接时的排列方式，每个按钮上的方向箭头指明了文本流的方向。

图 6-183

"区域文字选项"对话框按图 6-184 所示进行设置，单击"确定"按钮创建文本分栏，效果如图 6-185 所示。

图 6-184　　　　　　　　　　　　图 6-185

6.6.2 链接文本块

如果文本块出现文本溢出的现象，可以通过调整文本块的大小显示所有的文本，也可以将溢出的文本链接到另一个文本框中，还可以进行多个文本框的链接。点文本和路径文本不能被链接。

选择有文本溢出的文本块，文本框的右下角出现了⊞图标，表示因文本框太小有文本溢出，绘制一个闭合路径或创建一个文本框，同时将文本块和闭合路径选中，如图 6-186 所示。

选择"文字 > 串接文本 > 创建"命令，左边文本框中溢出的文本会自动移到右边的闭合路径中，如图 6-187 所示。

图 6-186

图 6-187

如果右边的文本框中还有文本溢出，可以继续添加文本框来链接溢出的文本。链接的多个文本框其实还是一个文本块。选择"文字 > 串接文本 > 释放所选文字"命令，可以解除各文本框之间的链接状态。

6.7 图文混排

图文混排效果是版式设计中经常使用的一种效果，使用文本绕图命令可以制作出漂亮的图文混排效果。文本绕图对整个文本块起作用，对文本块中的部分文本及点文本、路径文本不能进行文本绕图。

在文本块上放置图形并调整好位置，同时选中文本块和图形，如图 6-188 所示。选择"对象 >文本绕排 > 建立"命令，建立文本绕排，文本和图形结合在一起，效果如图 6-189 所示。要增加绕排的图形，可先将图形放置在文本块上，再选择"对象 > 文本绕排 > 建立"命令，文本绕图将会重新排列，效果如图 6-190 所示。

图 6-188   图 6-189   图 6-190

选中文本绕图对象，选择"对象 > 文本绕排 > 释放"命令，可以取消文本绕图。

提示 图形必须放置在文本块之上才能进行文本绕图。

课堂练习——制作冲浪宣传单

【练习知识要点】使用矩形工具、钢笔工具和渐变工具绘制背景效果，使用复制粘贴命令添加风景图形，使用文字工具和字符面板添加文字，效果如图 6-191 所示。

【效果所在位置】Ch06\效果\制作冲浪宣传单.ai。

图 6-191

课后习题——制作圣诞邀请卡

【习题知识要点】使用矩形工具绘制背景效果，使用复制粘贴命令添加装饰图形，使用文字工具和变形命令添加祝福语，效果如图 6-192 所示。

【效果所在位置】Ch06\效果\制作圣诞邀请卡.ai。

图 6-192

第7章 图表的编辑

本章介绍

Illustrator CS6 不仅具有强大的绘图功能，还具有强大的图表处理功能。本章将系统地介绍 Illustrator CS6 中提供的 9 种图表工具，通过学习使用图表工具，可以创建出各种不同类型的表格，以更好地表现复杂的数据。另外，还将学习自定义图表各部分的颜色，以及将创建的图案应用到图表中，以便能更加生动地表现数据内容。

学习目标

- 掌握图表的创建方法。
- 了解不同图表之间的转换技巧。
- 掌握图表的属性设置。
- 掌握自定义图表图案的方法。

技能目标

- 掌握"信息图表"的制作方法。
- 掌握"绿色环保图表"的制作方法。

7.1 创建图表

Illustrator CS6 中提供了 9 种不同的图表工具，利用这些工具可以创建不同类型的图表。

功能介绍

条形图工具：以水平方向上的矩形来显示图表中的数据。

7.1.1 课堂案例——制作信息图表

【案例学习目标】使用图表工具绘制图表。
【案例知识要点】使用折线图工具和饼图工具绘制图表，效果如图 7-1 所示。
【效果所在位置】Ch07\效果\制作信息图表.ai。

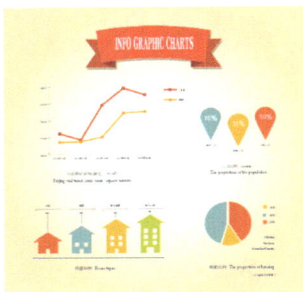

图 7-1

（1）按 Ctrl+N 组合键，新建一个文档，设置文档的宽度为 150mm，高度为 150mm，取向为竖向，颜色模式为 CMYK。

（2）选择矩形工具 ▭，在页面中适当的位置绘制一个矩形，双击渐变工具 ▦，会弹出"渐变"控制面板，在色带上设置两个渐变滑块，分别将渐变滑块的位置设为 0、100，并将其 C、M、Y、K 的值分别设置为 0（1、0、0、0）、100（8、17、37、0），其他选项的设置如图 7-2 所示，图形被填充渐变色，设置描边色为无，效果如图 7-3 所示。

（3）选择钢笔工具 ✎，在适当的位置绘制图形，设置图形填充色为大红色（其 C、M、Y、K 的值分别为 13、91、84、0），填充图形，并设置描边色为无，效果如图 7-4 所示。

图 7-2

图 7-3

图 7-4

（4）选择矩形工具 ![img], 在页面中适当的位置绘制一个矩形，设置图形填充色为红色（其 C、M、Y、K 的值分别为 25、97、100、0），填充图形，并设置描边色为无，效果如图 7-5 所示。选择添加锚点工具 ![img]，在矩形左边中间的位置单击，添加一个锚点，如图 7-6 所示。

图 7-5   图 7-6

（5）选择直接选择工具 ![img]，选取添加的锚点，并将其拖曳到适当的位置，效果如图 7-7 所示。选择钢笔工具 ![img]，在适当的位置绘制一个图形，设置图形填充色为深红色（其 C、M、Y、K 的值分别为 41、100、100、8），填充图形，并设置描边色为无，效果如图 7-8 所示。

图 7-7   图 7-8

（6）选择选择工具 ![img]，按住 Shift 键的同时选取绘制的两个图形，双击镜像工具 ![img]，弹出"镜像"对话框，选项的设置如图 7-9 所示，单击"复制"按钮，并拖曳复制的图形到适当的位置，效果如图 7-10 所示。

图 7-9   图 7-10

（7）选择选择工具 ![img]，按住 Shift 键的同时依次单击，选取复制的图形和原图形，连续按 Ctrl+[组合键，将图形向后移动到适当的位置，效果如图 7-11 所示。

（8）选择钢笔工具 ![img]，在适当的位置绘制图形，设置图形填充色为棕色（其 C、M、Y、K 的值分别为 37、38、48、0），填充图形，并设置描边色为无，效果如图 7-12 所示。

图 7-11   图 7-12

（9）用相同的方法绘制其他阴影图形，效果如图 7-13 所示。选择文字工具 $\boxed{\text{T}}$，输入需要的文字，选择选择工具 $\boxed{\text{▶}}$，在属性栏中选择合适的字体并设置文字大小，填充文字为白色，效果如图 7-14 所示。

图 7-13   图 7-14

（10）选择折线图工具 $\boxed{\text{∠}}$，在页面中单击，在弹出的"图表"对话框中进行设置，如图 7-15 所示，单击"确定"按钮，会弹出"图表数据"对话框，在对话框中输入需要的内容，如图 7-16 所示。输入完成后，单击"应用"按钮 $\boxed{\checkmark}$，关闭"图表数据"对话框，建立折线图表，如图 7-17 所示。

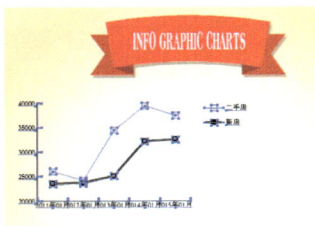

图 7-15   图 7-16   图 7-17

（11）选择直接选择工具 $\boxed{\text{▷}}$，选取图表中需要的文字，在属性栏中选择合适的字体并设置文字大小，效果如图 7-18 所示。设置文字填充色为灰色（其 C、M、Y、K 的值分别为 53、44、42、0），填充文字，效果如图 7-19 所示。

图 7-18   图 7-19

（12）选择直接选择工具 $\boxed{\text{▷}}$，选取图表中的黑色线，如图 7-20 所示。设置图形描边色为土黄色（其 C、M、Y、K 的值分别为 14、39、94、0），填充描边，效果如图 7-21 所示。

图 7-20   图 7-21

（13）选择直接选择工具 ▷，选取图表中的黑色块，如图 7-22 所示。设置图形填充色和描边色都为橘色（其 C、M、Y、K 的值分别为 6、51、93、0），填充图形，效果如图 7-23 所示。

图 7-22   图 7-23

（14）使用相同的方法制作图 7-24 所示的效果。选择文字工具 T，分别输入需要的文字，选择选择工具 ▷，在属性栏中选择合适的字体并设置文字大小，填充文字为灰色（其 C、M、Y、K 的值分别为 53、44、42、0），效果如图 7-25 所示。

（15）按 Ctrl+O 组合键，打开本书学习资源中的"Ch07 > 素材 > 制作信息图表 > 01"文件。按 Ctrl+A 组合键，全选图形，复制图形并将其粘贴到正在编辑的页面中，选择选择工具 ▷，将图形拖曳到适当的位置，效果如图 7-26 所示。

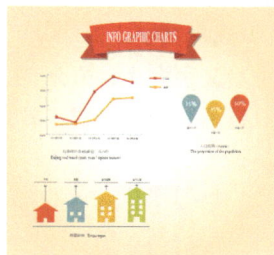

图 7-24   图 7-25   图 7-26

（16）选择饼图工具 ◕，在页面中单击，在弹出的"图表"对话框中进行设置，如图 7-27 所示，单击"确定"按钮，会弹出"图表数据"对话框，在对话框中输入需要的内容，如图 7-28 所示。输入完成后，单击"应用"按钮 ✓，关闭"图表数据"对话框，建立饼状图表，如图 7-29 所示。

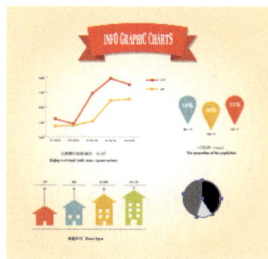

图 7-27   图 7-28   图 7-29

（17）选择直接选择工具 ▷，选取图表中的深灰色块，设置图形填充色为绿色（其 C、M、Y、K 的值分别为 56、19、37、0），填充图形。选取图表中的黑色块，设置图形填充色为红色（其 C、M、Y、K 的值分别为 18、87、97、0），填充图形。选取图表中的灰色块，设置图形填充色为橘色（其 C、

M、Y、K 的值分别为 14、39、94、0），填充图形，效果如图 7-30 所示。

（18）选择直接选择工具 ，分别选取图表中的色块，按方向键调整其位置，效果如图 7-31 所示。

（19）选择矩形工具 ，按住 Shift 键的同时在页面中适当的位置绘制一个正方形，设置图形填充色为橘色（其 C、M、Y、K 的值分别为 14、39、94、0），填充图形，并设置描边色为无，效果如图 7-32 所示。

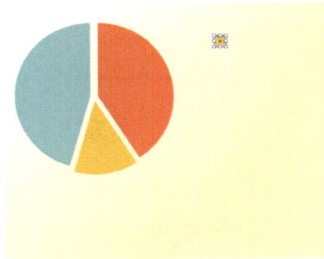

| 图 7-30 | 图 7-31 | 图 7-32 |

（20）选择选择工具 ，按住 Shift+Alt 键的同时拖曳鼠标复制两个图形，设置图形填充色为绿色（其 C、M、Y、K 的值分别为 56、19、37、0）和红色（其 C、M、Y、K 的值分别为 18、87、97、0），填充图形，并设置描边色为无，效果如图 7-33 所示。

（21）选择文字工具 ，分别输入需要的文字，选择选择工具 ，在属性栏中分别选择合适的字体并设置文字大小，填充文字为灰色（其 C、M、Y、K 的值分别为 53、44、42、0），效果如图 7-34 所示。信息图表制作完成，效果如图 7-35 所示。

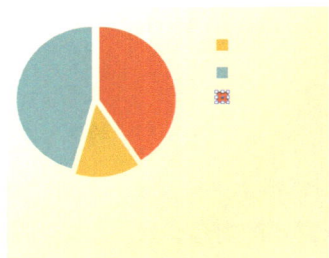

| 图 7-33 | 图 7-34 | 图 7-35 |

7.1.2　图表工具

在工具箱中的柱形图工具按钮 上按住鼠标左键不放，将弹出图表工具组。工具组中包含的图表工具依次为柱形图工具 、堆积柱形图工具 、条形图工具 、堆积条形图工具 、折线图工具 、面积图工具 、散点图工具 、饼图工具 和雷达图工具 ，如图 7-36 所示。

图 7-36

7.1.3　柱形图

柱形图是较为常用的一种图表类型，它使用一些竖排的、高度可变的矩形柱来表示各种数据，矩形的高度与数据大小成正比。

创建柱形图的具体步骤如下。

选择柱形图工具，在页面中拖曳鼠标绘出一个矩形区域来设置图表大小，或在页面上的任意位置单击，将弹出"图表"对话框，如图 7-37 所示，在"宽度"选项和"高度"选项的文本框中输入图表的宽度和高度数值。设定完成后，单击"确定"按钮，将自动在页面中建立图表，如图 7-38 所示，同时会弹出"图表数据"对话框，如图 7-39 所示。

图 7-37

图 7-38

图 7-39

在"图表数据"对话框左上方的文本框⊟可以直接输入各种文本或数值，然后按 Tab 键或 Enter 键确认，这时文本或数值将会自动添加到"图表数据"对话框的单元格中。单击可以选取各个单元格，输入要更改的文本或数据值后，再按 Enter 键确认。

"图表数据"对话框的右上方有一组按钮。单击"导入数据"按钮，可以从外部文件中输入数据信息。单击"换位行\列"按钮，可将横排和竖排的数据相互交换位置。单击"切换 x\y 轴"按钮，将调换 x 轴和 y 轴的位置。单击"单元格样式"按钮，会弹出"单元格样式"对话框，可以设置单元格的样式。单击"恢复"按钮，在没有单击"应用"按钮，以前使文本框中的数据恢复到前一个状态。单击"应用"按钮，确认输入的数值并生成图表。

图 7-40

单击"单元格样式"按钮，将弹出"单元格样式"对话框，如图 7-40 所示。该对话框可用于设置小数点的位置和数字栏的宽度，可以在"小数位数"和"列宽度"选项的文本框中输入所需要的数值。另外，将鼠标指针放置在各单元格相交处时，将会变成两条竖线和双向箭头的形状，这时拖曳鼠标可调整数字栏的宽度。

双击柱形图工具，将弹出"图表类型"对话框，如图 7-41 所示。柱形图表是默认的图表，其他参数也是采用默认设置，单击"确定"按钮。

在"图表数据"对话框中的文本表格的第 1 格中单击，删除默认数值 1。按照文本表格的组织方式输入数据。例如，用来比较 3 个人 3 科分数情况，如图 7-42 所示。

单击"应用"按钮，生成图表，所输入的数据被应用到图表

图 7-41

上，柱形图效果如图 7-43 所示，从图中可以看到，柱形图是对每一行中的数据进行比较。

图 7-42   图 7-43

在"图表数据"对话框中单击"换位行\列"按钮■，互换行、列数据得到新的柱形图，效果如图 7-44 所示。在"图表数据"对话框中单击"关闭"按钮⊠，将对话框关闭。

当需要对柱形图中的数据进行修改时，先选中要修改的图表，选择"对象 > 图表 > 数据"命令，会弹出"图表数据"对话框，在对话框中可以再修改数据，设置数据后，单击"应用"按钮☑，可以将修改后的数据应用到选定的图表中。

图 7-44

选中图表，单击鼠标右键，在弹出的菜单中选择"类型"命令，会弹出"图表类型"对话框，可以在对话框中选择其他的图表类型。

7.1.4 其他图表效果

1. 堆积柱形图

堆积柱形图与柱形图类似，只是它们的显示方式不同。柱形图表显示为单一数据的比较，而堆积柱形图显示的是全部数据总和的比较。因此，在进行数据总量的比较时，多用堆积柱形图来表示，如图 7-45 所示。

从图表中可以看出，堆积柱形图将每个人的数值总量进行比较，并且每一个人都用不同颜色的矩形来显示。

2. 条形图和堆积条形图

图 7-45

条形图与柱形图类似，只是柱形图是以垂直方向上的矩形显示图表中的各组数据，而条形图是以水平方向上的矩形来显示图表中的数据，效果如图 7-46 所示。

堆积条形图与堆积柱形图类似，但是堆积条形图是以水平方向的矩形条来显示数据总量的，堆积柱形图正好与之相反。堆积条形图如图 7-47 所示。

图 7-46   图 7-47

3. 折线图

折线图可以显示出某种事物随时间变化的发展趋势，能很明显地表现出数据的变化走向。折线图也是一种比较常见的图表，给人以很直接明了的视觉效果。

与创建柱形图的步骤相似，选择折线图工具，拖曳鼠标绘制出一个矩形区域，或在页面上的任意位置单击，在弹出的"图表数据"对话框中输入相应的数据，最后单击"应用"按钮，折线图表如图 7-48 所示。

4. 面积图

面积图可以用来表示一组或多组数据。通过不同折线连接图表中所有的点，形成面积区域，并且折线内部可填充为不同的颜色，面积图如图 7-49 所示。

图 7-48

图 7-49

5. 散点图

散点图是一种比较特殊的数据图表。散点图的横坐标和纵坐标都是数据坐标，两组数据的交叉点形成了坐标点。因此，它的数据点由横坐标和纵坐标确定。图表中的数据点位置所创建的线能贯穿自身却无具体方向，如图 7-50 所示。散点图不适合用于太复杂的数据内容，它只适合显示图例的说明。

6. 饼图

饼图适用于一个整体中各组成部分的比较，该类图表应用的范围比较广。饼图的数据整体显示为一个圆，每组数据按照其在整体中所占的比例，以不同颜色的扇形区域显示出来。但是它不能准确地显示出各部分的具体数值，如图 7-51 所示。

图 7-50

图 7-51

7. 雷达图

雷达图是一种较为特殊的图表类型，它以一种环形的形式对图表中的各组数据进行比较，形成比较明显的数据对比。雷达图适合表现一些变换悬殊的数据，如图 7-52 所示。

图 7-52

7.2 设置图表

在 Illustrator CS6 中，可以重新调整各种类型图表的选项，以及更改某一组数据，还可以解除图表组合，应用描边或填充颜色。

7.2.1 设置"图表数据"和"图表类型"对话框

选中图表，单击鼠标右键，在弹出的菜单中选择"数据"命令，或直接选择"对象 > 图表 > 数据"命令，会弹出"图表数据"对话框，在对话框中可以进行数据的修改。

编辑一个单元格：选取该单元格，在文本框中输入新的数据，按 Enter 键确认并下移到另一个单元格。

删除数据：选取单元格，按 Delete 键可删除文本框中的数据。

删除多个数据：选取要删除数据的多个单元格，选择"编辑 > 清除"命令，即可删除多个数据。

更改图表选项：选中图表，双击"图表工具"或选择"对象 > 图表 > 类型"命令，会弹出"图表类型"对话框，如图 7-53 所示。"数值轴"下拉列表中包括"位于左侧""位于右侧"或"位于两侧"选项，分别用来表示图表中坐标轴的位置，可根据需要选择（对饼形图表来说此选项不可用）。

图 7-53

"样式"选项组包括 4 个选项。勾选"添加投影"复选框，可以为图表添加一种阴影效果；勾选"在顶部添加图例"复选框，可以将图表中的图例说明放到图表的顶部；勾选"第一行在前"复选框，图表中的各个柱形或其他对象将会重叠地覆盖行，并按照从左到右的顺序排列；"第一列在前"复选框，这是默认的放置柱形的方式，它能够从左到右依次放置柱形。

"选项"选项组包括两个选项。"列宽"和"簇宽度"这两个选项分别用来控制图表的横栏宽和组宽。横栏宽是指图表中每个柱形条的宽度，组宽是指所有柱形所占据的可用空间。

选择折线图、散点图和雷达图时，"选项"选项组如图 7-54 所示。勾选"标记数据点"复选框，使数据点显示为正方形，否则直线段中间的数据点不显示；勾选"连接数据点"复选框，在每组数据点之间进行连线，否则只显示一个个孤立的点；勾选"线

图 7-54

段边到边跨 X 轴"复选框，将线条从图表左边和右边伸出，它对分散图表无作用；勾选"绘制填充线"复选框，将激活其下方的"线宽"选项。

选择饼形图时，"选项"选项组如图 7-55 所示。对于饼形图，"图例"选项控制图例的显示，在其下拉列表中，"无图例"选项即是不要图例，"标准图例"选项将图例放在图表的外围，"楔形图例"选项将图例插入相应的扇形中。"位置"选项控制饼形图形及扇形块的摆放位置，在其下拉列表中，"比例"选项将按比例显示各个饼形图的大小，"相等"选项使所有饼形图的直径相等，"堆积"选项将所有的饼形图叠加在一起。"排序"选项控制图表元素的排列顺序，在其下拉列表中，"全部"选项将元素信息由大到小按顺时针排列；"第一个"选项将最大值元素信息放在顺时针方向的第一个，其余按输入顺序排列；"无"选项按元素的输入顺序按顺时针排列。

图 7-55

7.2.2　设置坐标轴

在"图表类型"对话框左上方选项的下拉列表中选择"数值轴"选项，转换为相应的对话框，如图 7-56 所示。

"刻度值"选项组：当勾选"忽略计算出的值"复选框时，下面的 3 个文本框被激活。"最小值"选项的数值表示坐标轴的起始值，也就是图表原点的坐标值，它不能大于"最大值"选项的数值；"最大值"选项中的数值表示坐标轴的最大刻度值；"刻度"选项中的数值用来决定将坐标轴上下分为多少部分。

"刻度线"选项组："长度"下拉列表中包括 3 个选项。选择"无"选项，表示不使用刻度标记；选择"短"选项，表示使用短的刻度标记；选择"全宽"选项，刻度线将贯穿整个图表，效果如图 7-57 所示。"绘制"选项文本框中的数值表示每一个坐标轴间隔的区分标记。

图 7-56

"添加标签"选项组："前缀"选项是指在数值前加符号，"后缀"选项是指在数值后加符号。在"后缀"选项的文本框中输入"分"后，图表效果如图 7-58 所示。

图 7-57

图 7-58

7.3　自定义图表

除了提供图表的创建和编辑这些基本的操作，Illustrator CS6 还可以对图表中的局部进行编辑和修改，并可以自定义图表的图案，使图表中表现的数据更加生动。

功能介绍

设计命令：可以将选择的图形对象创建为图表中替代柱形和图例的设计图案。

柱形图命令：可以使用定义的图案替换图表中的柱形和标记。

7.3.1　课堂案例——制作绿色环保图表

【案例学习目标】使用条形图工具和折线图工具制作图案图表。

【案例知识要点】使用条形图工具建立条形图表，使用折线图工具建立折线图表，效果如图 7-59 所示。

【效果所在位置】Ch07\效果\制作绿色环保图表.ai。

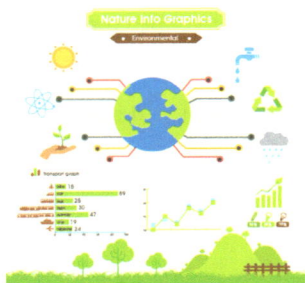

图 7-59

（1）按 Ctrl+O 组合键，打开本书学习资源中的"Ch07 > 素材 > 制作绿色环保图表 > 01"文件，效果如图 7-60 所示。

（2）选择条形图工具 ，在页面中单击，在弹出的"图表"对话框中进行设置，如图 7-61 所示，单击"确定"按钮，会弹出"图表数据"对话框，在对话框中输入需要的文字，如图 7-62 所示。输入完成后，单击"应用"按钮 ，关闭"图表数据"对话框，建立条形图表，效果如图 7-63 所示。

图 7-60　　　　　　图 7-61　　　　　　图 7-62　　　　　　图 7-63

（3）选择直接选择工具 ，选取图表中需要的文字，在属性栏中选择合适的字体并设置文字大小。设置文字填充色为棕色（其 C、M、Y、K 的值分别为 63、68、70、21），填充文字，效果如图 7-64 所示。

（4）选择直接选择工具 ，选取图表中的黑色块，设置图形填充色为绿色（其 C、M、Y、K 的值分别为 48、0、96、0），填充图形。分别选取图表中的数轴，设置其描边色为蓝色（其 C、M、Y、

K 的值分别为 65、11、0、0），填充描边，效果如图 7-65 所示。

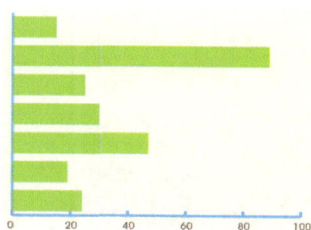

图 7-64 图 7-65

（5）选择圆角矩形工具 ▣，在适当的位置绘制一个矩形，设置图形填充颜色为红棕色（其 C、M、Y、K 的值分别为 33、65、79、0），填充图形，并设置描边色为无，效果如图 7-66 所示。

（6）选择选择工具 �8，选取圆角矩形，按住 Alt+Shift 组合键的同时，向右拖曳图形到适当的位置，复制图形并调整其大小，设置图形填充颜色为绿色（其 C、M、Y、K 的值分别为 48、0、96、0），填充图形，效果如图 7-67 所示。使用相同的方法再复制一个图形并调整其大小，效果如图 7-68 所示。

图 7-66 图 7-67 图 7-68

（7）选择文字工具 T，分别输入需要的文字，选择选择工具 8，在属性栏中选择合适的字体并设置文字大小，设置文字填充色为棕色（其 C、M、Y、K 的值分别为 63、68、70、21），填充文字，效果如图 7-69 所示。

（8）按 Ctrl+O 组合键，打开本书学习资源中的"Ch07 > 素材 > 制作绿色环保图表 > 02"文件。按 Ctrl+A 组合键，全选图形，复制并将其粘贴到正在编辑的页面中，选择选择工具 8，将图形拖曳到适当的位置并调整其大小，效果如图 7-70 所示。

图 7-69 图 7-70

（9）选择折线图工具 ☑，在页面中单击 在弹出的"图表"对话框中进行设置，如图 7-71 所示，单击"确定"按钮，会弹出"图表数据"对话框，在对话框中输入需要的文字，如图 7-72 所示。输入完成后，单击"应用"按钮✓，关闭"图表数据"对话框，建立折线图表，效果如图 7-73 所示。

图 7-71 　　　　　　　　图 7-72 　　　　　　　　图 7-73

（10）选择直接选择工具，选取图表中需要的文字，在属性栏中选择合适的字体并设置文字大小。设置文字填充色为棕色（其 C、M、Y、K 的值分别为 63、68、70、21），填充文字，效果如图 7-74 所示。

（11）选择直接选择工具，选取图表中的灰色块和直线，设置图形填充色为天蓝色（其 C、M、Y、K 的值分别为 45、0、11、0），填充图形，并设置描边色为无。选取图表中的黑色块和直线，设置图形填充色为草绿色（其 C、M、Y、K 的值分别为 38、0、92、0），填充图形，并设置描边色为无，选取图表中的数轴，设置图形描边色为草绿色（其 C、M、Y、K 的值分别为 38、0、92、0），填充描边，并设置填充色为无，效果如图 7-75 所示。绿色环保图表制作完成，效果如图 7-76 所示。

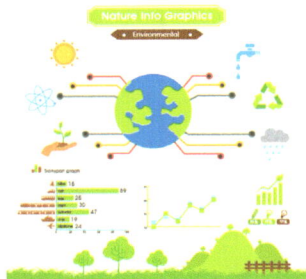

图 7-74 　　　　　　　　图 7-75 　　　　　　　　图 7-76

7.3.2　自定义图表图案

在页面中绘制图形，效果如图 7-77 所示。选中图形，选择"对象 > 图表 > 设计"命令，会弹出"图表设计"对话框。

单击"新建设计"按钮，在预览框中将会显示所绘制的图形，此时对话框中的"删除设计"按钮、"粘贴设计"按钮和"选择未使用的设计"按钮将被激活，如图 7-78 所示。

单击"重命名"按钮，会弹出"图表设计"对话框，在对话框中输入自定义图案的名称，如图 7-79 所示，单击"确定"按钮，完成命名。

在"图表设计"对话框中单击"粘贴设计"按钮，可以将图案粘贴到页面中，可以对图案重新进行修改和编辑，还可以对编辑修改后的图案重新定义。在对话框中编辑完成后，单击"确定"按钮，完成对一个图表图案的定义。

图 7-77　　　　　　　　　　　图 7-78　　　　　　　　　　　图 7-79

7.3.3　应用图表图案

用户可以将自定义的图案应用到图表中。选择要应用图案的图表，再选择"对象 > 图表 > 柱形图"命令，会弹出"图表列"对话框。

在"图表列"对话框中，"列类型"选项包括 4 种缩放图案的类型。"垂直缩放"选项表示根据数据的大小，对图表的自定义图案进行垂直方向上的放大与缩小，水平方向上保持不变；"一致缩放"选项表示图表将按照图案的比例并结合图表中数据的大小对图案进行放大和缩小；"重复堆叠"选项可以把图案的一部分拉伸或压缩。"局部缩放"选项与"垂直缩放"选项类似，但可以指定伸展或缩放的位置。"重复堆叠"选项要和"每个设计表示"选项、"对于分数"选项结合使用。"每个设计表示"选项表示每个图案代表几个单位，如果在文本框中输入 50，表示 1 个图案就代表 50 个单位；在"对于分数"下拉列表中，"截断设计"选项表示不足一个图案由图案的一部分来表示；"缩放设计"选项表示不足一个图案时，通过对最后那个图案成比例压缩来表示。设置完成后，如图 7-80 所示，单击"确定"按钮，将自定义的图案应用到图表中，效果如图 7-81 所示。

图 7-80　　　　　　　　　　　　　　图 7-81

课堂练习——制作数据分析图表

【练习知识要点】使用矩形工具和渐变工具制作背景效果，使用饼图工具添加饼图图表，使用椭圆工具和钢笔工具添加介绍线条，使用复制粘贴命令添加主体图形，使用矩形工具和文字工具添加图标，效果如图 7-82 所示。

【效果所在位置】Ch07\效果\制作数据分析图表.ai。

图 7-82

课后习题——制作人口预测图表

【习题知识要点】使用矩形工具绘制背景效果，使用柱形图工具和折线图工具绘制图表，使用饼图工具绘制男女比例图，使用文字工具添加需要的文字，效果如图 7-83 所示。

【效果所在位置】Ch07\效果\制作人口预测图表.ai。

图 7-83

第8章 图层和蒙版的使用

本章介绍

本章将重点讲解 Illustrator CS6 中图层和蒙版的使用方法。掌握图层和蒙版的功能，可以帮助读者在图形设计中提高效率，快速、准确地设计和制作出精美的平面设计作品。

学习目标

- 了解图层的含义与图层控制面板。
- 掌握图层的基本操作方法。
- 掌握蒙版的创建和编辑方法。
- 掌握透明度控制面板的使用方法。

技能目标

- 掌握"圣诞主题插画"的绘制方法。
- 掌握"秋天插画"的制作方法。

8.1　图层的使用

在平面设计中，特别是包含复杂图形的设计中，需要在页面上创建多个对象，由于每个对象的大小不一致，小的对象可能隐藏在大的对象下面。这样，选择和查看对象就很不方便。使用图层来管理对象，就可以很好地解决这个问题。图层就像一个文件夹，它可以包含多个对象，也可以对图层进行多种编辑。

选择"窗口 > 图层"命令（快捷键为 F7），会弹出"图层"控制面板，如图 8-1 所示。

图 8-1

8.1.1　认识图层

选择"文件 > 打开"命令，会弹出"打开"对话框，选择需要的文件，如图 8-2 所示，单击"打开"按钮，可以打开图像，效果如图 8-3 所示。

图 8-2　　　　　　　　　　　图 8-3

打开图像后，可以发现在"图层"控制面板中显示了 5 个图层，如图 8-4 所示。如果只想看到"图层 1"上的图像，用鼠标依次单击其他图层的眼睛图标，将其他图层上的眼睛图标关闭，如图 8-5 所示，这样就只显示"图层 1"，此时图像效果如图 8-6 所示。

图 8-4　　　　　　　图 8-5　　　　　　　图 8-6

Illustrator 的图层是透明层，在每一层中可以放置不同的图像，上面的图层不影响下面的图层，修改其中的某一图层不会改动其他的图层，将这些图层叠在一起显示在图像视窗中，就形成了一幅完整的图像。

8.1.2 "图层"控制面板

下面来介绍"图层"控制面板。打开一张图像，选择"窗口 > 图层"命令，会弹出"图层"控制面板，如图 8-7 所示。

"图层"控制面板的右上方有两个系统按钮，分别是"折叠为图标"按钮和"关闭"按钮。单击"折叠为图标"按钮，可以将"图层"控制面板折叠为图标；单击"关闭"按钮，可以关闭"图层"控制面板。

图 8-7

图层名称显示在当前图层中。默认状态下，在新建图层时，如果未指定名称，程序将以数字的递增形式为图层指定名称，如图层 1、图层 2 等，可以根据需要为图层重新命名。

单击图层名称前的三角形按钮，可以展开或折叠图层。当按钮为时，表示此图层中的内容处于未显示状态，单击此按钮就可以展开当前图层中所有的选项；当按钮为时，表示显示了图层中的选项，单击此按钮，可以将图层折叠起来，这样可以节省"图层"控制面板的空间。

眼睛图标用于显示或隐藏图层；图层右上方的黑色三角形图标，表示该图层当前正在被编辑；锁定图标表示当前图层和透明区域被锁定，不能被编辑。

"图层"控制面板的最下面有 5 个按钮，如图 8-8 所示，它们从左至右依次是："定位对象"按钮、"建立\释放剪切蒙版"按钮、"创建新子图层"按钮、"创建新图层"按钮和"删除所选图层"按钮。

图 8-8

"定位对象"按钮：单击此按钮，可以选中所选对象所在的图层。

"建立\释放剪切蒙版"按钮：单击此按钮，将在当前图层上建立或释放一个蒙版。

"创建新子图层"按钮：单击此按钮，可以为当前图层新建一个子图层。

"创建新图层"按钮：单击此按钮，可以在当前图层上面新建一个图层。

"删除所选图层"按钮：即垃圾桶，可以将不想要的图层拖到此处删除。

单击"图层"控制面板右上方的图标，将弹出其下拉菜单。

8.1.3 编辑图层

使用图层时，可以通过"图层"控制面板对图层进行编辑，如新建图层、新建子图层、为图层设定选项、合并图层和建立\释放剪切蒙版等，这些操作都可以通过选择"图层"控制面板下拉菜单中的命令来完成。

1. 新建图层

（1）使用"图层"控制面板下拉菜单。

单击"图层"控制面板右上方的图标，在弹出的菜单中选择"新建图层"命令，会弹出"图层选项"对话框，如图 8-9 所示。"名称"选项用于设定当前图层的名称；"颜色"选项用于设定新图层的颜色，设置完成后，单击"确定"按钮，可以得到一个新建的图层。

（2）使用"图层"控制面板按钮或快捷键。

单击"图层"控制面板下方的"创建新图层"按钮，可以创建一个新图层。

按住 Alt 键，单击"图层"控制面板下方的"创建新图层"按钮，将弹出"图层选项"对话框。

按住 Ctrl 键，单击"图层"控制面板下方的"创建新图层"按钮，不管当前选择的是哪一个图层，都可以在图层列表的最上层新建一个图层。

如果要在当前选中的图层中新建一个子图层，可以单击"建立新子图层"按钮，或从"图层"控制面板下拉菜单中选择"新建子图层"命令，或按住 Alt 键的同时，单击"建立新子图层"按钮，也可以弹出"图层选项"对话框，它的设定方法和新建图层是一样的。

2．选择图层

单击图层名称，图层会显示为深灰色，并在名称后出现一个当前图层指示图标，即黑色三角形图标，表示此图层被选择为当前图层。

按住 Shift 键，分别单击两个图层，即可选择两个图层之间多个连续的图层。按住 Ctrl 键，逐个单击想要选择的图层，可以选择多个不连续的图层。

3．复制图层

复制图层时，会复制图层中包含的所有对象，包括路径、编组，甚至整个图层。

（1）使用"图层"控制面板下拉菜单。

选择要复制的"图层 2"图层，如图 8-10 所示。单击"图层"控制面板右上方的图标，在弹出的菜单中选择"复制'图层 2'"命令，复制出的图层在"图层"控制面板中显示为被复制图层的副本。复制图层后，"图层"控制面板的效果如图 8-11 所示。

图 8-9　　　　　　　　　图 8-10　　　　　　　　　图 8-11

（2）使用"图层"控制面板按钮。

将"图层"控制面板中需要复制的图层拖曳到下方的"创建新图层"按钮上，就可以将所选的图层复制为一个新图层。

4．删除图层

（1）使用"图层"控制面板的下拉菜单。

选择要删除的"图层 2"图层，如图 8-12 所示。单击"图层"控制面板右上方的图标，在弹出的菜单中选择"删除'图层 2'"命令，如图 8-13 所示，图层即可被删除，删除图层后的"图层"控制面板如图 8-14 所示。

图 8-12　　　　　　　　　图 8-13　　　　　　　　　图 8-14

（2）使用"图层"控制面板按钮。

选择要删除的图层，单击"图层"控制面板下方的"删除所选图层"按钮 🗑 ，就可以将图层删除。将需要删除的图层拖曳到"删除所选图层"按钮 🗑 上，也可以删除图层。

5. 隐藏或显示图层

隐藏一个图层时，此图层中的对象在绘图页面上不显示，在"图层"控制面板中可以设置隐藏或显示图层。在制作或设计复杂作品时，可以快速隐藏图层中的路径、编组和对象。

（1）使用"图层"控制面板的下拉菜单。

选中一个图层，如图 8-15 所示。单击"图层"控制面板右上方的 ▼≣ 图标，在弹出的菜单中选择"隐藏其他图层"命令，则"图层"控制面板中除当前选中的图层外，其他图层都被隐藏，效果如图 8-16 所示。

图 8-15　　　　　　　　图 8-16

（2）使用"图层"控制面板中的眼睛图标 👁 。

在"图层"控制面板中，单击想要隐藏的图层左侧的眼睛图标 👁 ，图层被隐藏。再次单击眼睛图标所在位置的方框，会重新显示此图层。

如果在一个图层的眼睛图标 👁 上单击，然后按住鼠标左键不放，向上或向下拖曳，鼠标指针所经过的眼睛图标就会被隐藏，这样可以快速隐藏多个图层。

（3）使用"图层选项"对话框。

在"图层"控制面板中双击图层或图层名称，可以弹出"图层选项"对话框，取消勾选"显示"复选框，单击"确定"按钮，图层被隐藏。

6. 锁定图层

当锁定图层后，此图层中的对象不能被选择或编辑，使用"图层"控制面板，能够快速锁定多个路径、编组和子图层。

（1）使用"图层"控制面板的下拉菜单。

选中一个图层，如图 8-17 所示。单击"图层"控制面板右上方的 ▼≣ 图标，在弹出的菜单中选择"锁定其他图层"命令，则"图层"控制面板中除当前选中的图层外，其他所有图层都被锁定，效果如图 8-18 所示。选择"解锁所有图层"命令，可以解除所有图层的锁定。

图 8-17　　　　　　　　图 8-18

（2）使用对象命令。

选择"对象 > 锁定 > 其他图层"命令，可以锁定其他未被选中的图层。

（3）使用"图层"控制面板中的锁定图标。

在想要锁定的图层左侧的方框中单击，出现锁定图标 🔒 ，则图层被锁定。再次单击锁定图标 🔒 ，图标消失，即解除对此图层的锁定状态。

如果在一个图层左侧的方框中单击，然后按住鼠标左键不放，向上或向下拖曳，鼠标指针经过的方框中出现锁定图标 🔒 ，就可以快速锁定多个图层。

（4）使用"图层选项"对话框。

在"图层"控制面板中双击图层或图层名称，可以弹出"图层选项"对话框，选择"锁定"复选框，单击"确定"按钮，图层被锁定。

7. 合并图层

在"图层"控制面板中选择需要合并的图层，如图 8-19 所示，单击"图层"控制面板右上方的 🔳 图标，在弹出的菜单中选择"合并所选图层"命令，所有选择的图层将合并到最后一个选择的图层或编组中，效果如图 8-20 所示。

图 8-19   图 8-20

选择下拉菜单中的"拼合图稿"命令，所有可见的图层将合并为一个图层。合并图层时，不会改变对象在绘图页面上的排序。

8.1.4　使用图层

使用"图层"控制面板可以选择绘图页面中的对象，还可以切换对象的显示模式，更改对象的外观属性。

1. 选择对象

（1）使用"图层"控制面板中的目标图标。

同一图层中的几个图形对象处于未选取状态，如图 8-21 所示，单击"图层"控制面板中要选择对象所在图层右侧的目标图标 ○ ，如图 8-22 所示。目标图标变为 ◎ ，此时，图层中的对象被全部选中，效果如图 8-23 所示。

（2）结合快捷键并使用"图层"控制面板。

按住 Alt 键的同时，单击"图层"控制面板中的图层名称，此图层中的对象将被全部选中。

（3）使用"选择"菜单下的命令。

使用选择工具 ▶ 选中同一图层中的一个对象，如图 8-24 所示。选择"选择 > 对象 > 同一图层上的所有对象"命令，此图层中的对象被全部选中，如图 8-25 所示。

图 8-21　　　　　图 8-22　　　　　图 8-23　　　　　图 8-24　　　　　图 8-25

2．更改对象的外观属性

使用"图层"控制面板可以轻松地改变对象的外观。如果对一个图层应用一种特殊效果，则该图层中的所有对象都将应用这种效果。如果将图层中的对象移动到此图层之外，对象将不再具有这种效果。因为效果仅仅作用于该图层，而不是对象。

选中一个想要改变对象外观属性的图层，如图 8-26 所示，选取图层中的全部对象，效果如图 8-27 所示。选择"效果 > 变形 > 鱼形"命令，在弹出的"变形选项"对话框中进行设置，如图 8-28 所示，单击"确定"按钮，选中的图层中包括的对象全部变成鱼形效果，如图 8-29 所示，这样就改变了此图层中对象的外观属性。

图 8-26　　　　　　　图 8-27　　　　　　　图 8-28　　　　　　　图 8-29

在"图层"控制面板中，图层的目标图标◎也是变化的。当目标图标显示为◎时，表示当前图层在绘图页面上没有对象被选择，并且没有外观属性；当目标图标显示为◎时，表示当前图层在绘图页面上有对象被选择，且没有外观属性；当目标图标显示为◎时，表示当前图层在绘图页面上没有对象被选择，但有外观属性；当目标图标显示为◎时，表示当前图层在绘图页面上有对象被选择，也有外观属性。

选择具有外观属性的对象所在的图层，拖曳此图层的目标图标到需要应用的图层的目标图标上，就可以移动对象的外观属性。在拖曳的同时按住 Alt 键，可以复制图层中对象的外观属性。

选择具有外观属性的对象所在的图层，拖曳此图层的目标图标到"图层"控制面板底部的"删除所选图层"按钮🗑上，这时可以取消此图层中对象的外观属性。如果此图层中包括路径，将会保留路径的填充和描边填充。

3．移动对象

在设计制作的过程中，有时需要调整各图层之间的顺序，而图层中对象的位置也会相应地发生变化。选择需要移动的图层，按住鼠标左键将该图层拖曳到需要的位置，释放鼠标，图层被移动。移动图层后，图层中的对象在绘图页面上的排列次序也会被移动。

选择想要移动的"图层 5"中的对象，如图 8-30 所示，再选择"图层"控制面板中需要放置对象的"图层 4"，如图 8-31 所示，选择"对象 > 排列 > 发

图 8-30

送至当前图层"命令，可以将对象移动到当前选中的"图层 4"中，效果如图 8-32 所示。

　　单击"图层 4"右边的方形图标 ![], 按住鼠标左键不放，将该图标 ![] 拖曳到"图层 5"中，如图 8-33 所示，可以将对象移动到"图层 5"中，效果如图 8-34 所示。

图 8-31　　　　　　　　　图 8-32　　　　　　　　　图 8-33　　　　　　　　　图 8-34

8.2　图像蒙版的使用

　　将一个对象制作为蒙版后，对象的内部变得完全透明，这样就可以显示下面的被蒙版对象，同时也可以遮挡住不需要显示或打印的部分。

功能介绍

　　建立不透明蒙版命令：可以将蒙版的不透明度设置应用到它所覆盖的所有对象中。

8.2.1　课堂案例——绘制圣诞主题插画

【案例学习目标】使用钢笔工具和旋转工具制作圣诞主题插画。

【案例知识要点】使用钢笔工具和旋转工具制作背景，使用网格工具制作渐变背景效果，使用文字工具输入文字，效果如图 8-35 所示。

【效果所在位置】Ch08\效果\绘制圣诞主题插画.ai。

图 8-35

1．制作背景

　　（1）按 Ctrl+N 组合键，新建一个文档，设置文档的宽度为 150mm，高度为 150mm，取向为竖向，颜色模式为 CMYK。选择钢笔工具 ![], 在页面中适当的位置绘制一个图形，如图 8-36 所示。设置图形填充颜色为蓝色（其 C、M、Y、K 的值分别为 45、11、24、0），填充图形，并设置描边色为无，效果如图 8-37 所示。

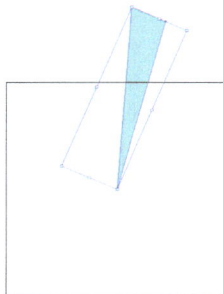

图 8-36　　　　　　　　　图 8-37

（2）选择旋转工具 ，按住 Alt 键的同时，在图形底部单击，弹出"旋转"对话框，选项的设置如图 8-38 所示，单击"复制"按钮，效果如图 8-39 所示。连续按 Ctrl+D 组合键，按需要再复制出多个图形，效果如图 8-40 所示。

 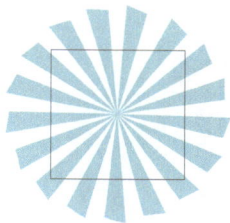

| 图 8-38 | 图 8-39 | 图 8-40 |

（3）选择选择工具 ，使用圈选的方法将图形全部选取，按 Ctrl+G 组合键，将图形编组，如图 8-41 所示。选择矩形工具 ，在适当的位置绘制一个与页面大小相等的矩形，如图 8-42 所示。按住 Shift 键的同时，将矩形与编组的图形同时选取，选择"对象 > 剪贴蒙版 > 建立"命令，制作出蒙版效果，如图 8-43 所示。

（4）选择矩形工具 ，在页面中绘制一个矩形，设置图形填充色为蓝色（其 C、M、Y、K 的值分别为 53、20、32、0），填充图形，并设置描边色为无，如图 8-44 所示。

| 图 8-41 | 图 8-42 | 图 8-43 | 图 8-44 |

（5）选择网格工具 ，在图形的中间区域单击，将图形建立为渐变网格对象，如图 8-45 所示。设置网格填充色为浅蓝色（其 C、M、Y、K 的值分别为 26、3、18、0），填充网格，效果如图 8-46 所示。

（6）选择选择工具 ，按 Ctrl+Shift+ [组合键，将网格图形置于底层，效果如图 8-47 所示。选择椭圆工具 ，按住 Shift 键的同时，在页面中绘制多个圆形，填充图形为白色，并设置描边色为无，效果如图 8-48 所示。

| 图 8-45 | 图 8-46 | 图 8-47 | 图 8-48 |

（7）打开本书学习资源中的"Ch08 > 素材 > 绘制圣诞主题插画 > 01"文件，按 Ctrl+A 组合键，全选图形，复制并将其粘贴到正在编辑的页面中，效果如图 8-49 所示。

（8）选择矩形工具▣，在适当的位置绘制一个与页面大小相等的矩形，如图 8-50 所示。按住 Shift 键的同时，将矩形与素材图形同时选取，选择"对象 > 剪贴蒙版 > 建立"命令，制作出蒙版效果，效果如图 8-51 所示。

图 8-49

图 8-50

图 8-51

2．添加文字

（1）选择文字工具 T ，在页面中分别输入需要的文字，选择选择工具 � ，在属性栏中分别选择合适的字体并设置适当的文字大小，设置文字填充颜色为深灰色（其 C、M、Y、K 的值分别为 71、64、61、15），填充文字，效果如图 8-52 所示。

（2）选择选择工具 ↕ ，按住 Shift 键的同时将文字同时选取，如图 8-53 所示，按 Ctrl+C 组合键复制文字，按 Ctrl+F 组合键将复制的文字粘贴在前面，按向左方向键，微调文字的位置，分别选取文字，设置文字填充色为红色（其 C、M、Y、K 的值分别为 11、94、91、0）和黄色（其 C、M、Y、K 的值分别为 7、3、86、0），填充文字，效果如图 8-54 所示。

（3）选择选择工具 ↕ ，按住 Shift 键的同时将所有的文字选取，将文字旋转到适当的角度，效果如图 8-55 所示。圣诞主题插画绘制完成。

图 8-52

图 8-53

图 8-54

图 8-55

8.2.2　制作图像蒙版

（1）使用"创建"命令制作。

选择"文件 > 置入"命令，在弹出的"置入"对话框中选择图像文件，如图 8-56 所示，单击"置入"按钮，图像出现在页面中，效果如图 8-57 所示。选择椭圆工具◉，在图像上绘制一个椭圆形作为蒙版，如图 8-58 所示。

图 8-56　　　　　　　　　图 8-57　　　　　　　　　图 8-58

使用选择工具 ，同时选中图像和椭圆形（作为蒙版的图形必须在图像的上面），如图 8-59 所示。选择"对象 > 剪切蒙版 > 建立"命令（快捷键为 Ctrl+7），制作出蒙版效果，如图 8-60 所示。椭圆形蒙版外面的部分被隐藏，取消选取状态，蒙版效果如图 8-61 所示。

图 8-59　　　　　　　　　图 8-60　　　　　　　　　图 8-61

（2）使用鼠标右键的快捷菜单命令制作蒙版。

使用选择工具 ，选中图像和椭圆形，在选中的对象上单击鼠标右键，在弹出的菜单中选择"建立剪切蒙版"命令，制作出蒙版效果。

（3）用"图层"控制面板中的命令制作蒙版。

使用选择工具 ，选中图像和椭圆形，单击"图层"控制面板右上方的 图标，在弹出的菜单中选择"建立剪切蒙版"命令，制作出蒙版效果。

8.2.3　编辑图像蒙版

制作蒙版后，还可以对蒙版进行编辑，如查看、选择蒙版、增加和减少蒙版区域等。

1．查看蒙版

使用选择工具 ，选中蒙版图像，如图 8-62 所示。单击"图层"控制面板右上方的 图标，在弹出的菜单中选择"定位对象"命令，"图层"控制面板的效果如图 8-63 所示，可以在"图层"控制面板中查看蒙版状态，也可以编辑蒙版。

图 8-62　　　　　　　　　　　　　　　图 8-63

2．锁定蒙版

使用选择工具▶，选中需要锁定的蒙版图像，如图 8-64 所示。选择"对象 > 锁定 > 所选对象"命令，可以锁定蒙版图像，效果如图 8-65 所示。

图 8-64　　　　　　　　　　　　　　　图 8-65

3．添加对象到蒙版

选中要添加的对象，如图 8-66 所示。选择"编辑 > 剪切"命令，剪切该对象。使用直接选择工具▶，选中被蒙版图形中的对象，如图 8-67 所示。选择"编辑 > 贴在前面/贴在后面"命令，就可以将要添加的对象粘贴到相应的蒙版图形的前面或后面，并成为图形的一部分，贴在前面的效果如图 8-68 所示。

图 8-66　　　　　　　　图 8-67　　　　　　　　图 8-68

4．删除被蒙版的对象

选中被蒙版的对象，选择"编辑 > 清除"命令或按 Delete 键，即可删除被蒙版的对象。

也可以在"图层"控制面板中选中被蒙版对象所在图层，再单击"图层"控制面板下方的"删除所选图层"按钮🗑，也可删除被蒙版的对象。

8.3　文本蒙版的使用

在 Illustrator CS6 中，可以将文本制作为蒙版。根据设计需要来制作文本蒙版，可以使文本产生丰富的效果。

8.3.1　制作文本蒙版

（1）使用"对象"命令制作文本蒙版。

使用矩形工具■，绘制一个矩形，在"Vonster 图案样式"控制面板中选择需要的样式，如图 8-69 所示，矩形被填充上所选样式，如图 8-70 所示。

选择文字工具▢，在矩形上输入文字"地毯"，使用选择工具▶，选中文字和矩形，如图 8-71 所示。选择"对象 > 剪切蒙版 > 建立"命令，制作出蒙版效果，如图 8-72 所示。

　图 8-69　　　　　　　　图 8-70　　　　　　　　图 8-71　　　　　　　　图 8-72

（2）使用鼠标右键快捷菜单命令制作文本蒙版。

使用选择工具▶，选中图像和文字，在选中的对象上单击鼠标右键，在弹出的菜单中选择"建立剪切蒙版"命令，制作出蒙版效果。

（3）使用"图层"控制面板中的命令制作蒙版。

使用选择工具▶，选中图像和文字。单击"图层"控制面板右上方的▼≡图标，在弹出的菜单中选择"建立剪切蒙版"命令，制作出蒙版效果。

8.3.2　编辑文本蒙版

使用选择工具▶，选取被蒙版的文本，如图 8-73 所示。选择"文字 > 创建轮廓"命令，将文本转换为路径，这时路径上出现了许多锚点，效果如图 8-74 所示。

使用直接选择工具▷，选取路径上的锚点，就可以编辑修改被蒙版的文本了，效果如图 8-75 ~ 图 8-77 所示。

　图 8-73　　　　　　图 8-74　　　　　　图 8-75　　　　　　图 8-76　　　　　　图 8-77

8.4　"透明度"控制面板

在"透明度"控制面板中可以调整对象的不透明度，还可以设置混合模式。

功能介绍

透明度命令：可以为对象设置不透明度，还可以改变混合模式，从而制作出新的效果。

8.4.1　课堂案例——制作秋天插画

【案例学习目标】使用图形工具、透明度命令制作秋天插画。

【案例知识要点】使用钢笔工具绘制路径，使用路径文字工具输入路径文字，使用透明度控制面板改变图形的透明度和混合模式，使用符号库的自然命令绘制装饰图形，效果如图 8-78 所示。

【效果所在位置】Ch08\效果\制作秋天插画.ai。

图 8-78

（1）按 Ctrl+O 组合键，打开本书学习资源中的"Ch08 > 素材 > 制作秋天插画 > 01"文件，如图 8-79 所示。选择文字工具 T，在页面中输入需要的文字，选择选择工具 ，在属性栏中选择合适的字体并设置文字大小，效果如图 8-80 所示。设置文字填充色为无，并设置描边色的 C、M、Y、K 值分别为 20、100、35、0，填充文字描边，效果如图 8-81 所示。使用相同的方法输入其他文字，并设置相同的颜色，效果如图 8-82 所示。

图 8-79

图 8-80

图 8-81

图 8-82

（2）选择钢笔工具 ，绘制一条路径，如图 8-83 所示。选择路径文字工具 ，在绘制好的路径上单击插入光标，输入需要的文字，在属性栏中选择合适的字体并设置文字大小，效果如图 8-84 所示。

（3）选择"窗口 > 符号库 > 自然"命令，弹出"自然"面板，选择"蜻蜓"符号，如图 8-85 所示，拖曳符号到页面中适当的位置，并调整其大小及角度，效果如图 8-86 所示。

图 8-83　　　　图 8-84

图 8-85

图 8-86

（4）选择选择工具 ，选取符号图形，选择"窗口 > 透明度"命令，弹出"透明度"控制面板，将混合模式设置为"正片叠底",如图 8-87 所示,图形效果如图 8-88 所示。选择选择工具，选取符号图形,按住 Alt 键的同时,分别拖曳图形到适当的位置,将其进行复制并调整大小及角度,效果如图 8-89 所示。秋天插画制作完成。

图 8-87

图 8-88

图 8-89

8.4.2 认识"透明度"控制面板

透明度是 Illustrator 中对象的一个重要外观属性。Illustrator CS6 的透明度可以设置绘图页面上的对象是完全透明、半透明或不透明 3 种状态。在"透明度"控制面板中,可以给对象添加不透明度,还可以改变混合模式,从而制作出新的效果。

选择"窗口 > 透明度"命令(快捷键为 Shift+Ctrl+F10),会弹出"透明度"控制面板,如图 8-90 所示。单击控制面板右上方的图标,在弹出的菜单中选择"显示缩览图"命令,可以将"透明度"控制面板中的缩览图显示出来,如图 8-91 所示。在弹出的菜单中选择"显示选项"命令,可以将"透明度"控制面板中的选项显示出来,如图 8-92 所示。

图 8-90　　　　　　　图 8-91　　　　　　　图 8-92

1. "透明度"控制面板的表面属性

在图 8-92 所示的"透明度"控制面板中,当前选中对象的缩略图出现在其中。当"不透明度"选项设置为不同的数值时,效果如图 8-93 所示。默认状态下,对象是完全不透明的。

不透明度值为 0 时　　　　　不透明度值为 50 时　　　　　不透明度值为 100 时

图 8-93

勾选"隔离混合"复选框,可以使不透明度设置只影响当前组合或图层中的其他对象。

勾选"挖空组"复选框,可以使不透明度设置不影响当前组合或图层中的其他对象,但背景对象仍然受影响。

勾选"不透明度和蒙版用来定义挖空形状"复选框，可以使用不透明度蒙版来定义对象的不透明度所产生的效果。

选中"图层"控制面板中要改变不透明度的图层，单击图层右侧的 ◯ 图标，将该图层定义为目标图层，在"透明度"控制面板的"不透明度"选项中调整不透明度的数值，此时的调整会影响到整个图层不透明度的设置，包括此图层中已有的对象和将来绘制的任何对象。

图 8-94

2．"透明度"控制面板的下拉菜单

单击"透明度"控制面板右上方的 图标，会弹出下拉菜单，如图 8-94 所示。

"建立不透明蒙版"命令可以将蒙版的不透明度设置应用到它所覆盖的所有对象中。

在绘图页面中选中两个对象，如图 8-95 所示，选择"建立不透明蒙版"命令，"透明度"控制面板显示的效果如图 8-96 所示，制作不透明蒙版的效果如图 8-97 所示。

选择"释放不透明蒙版"命令，制作的不透明蒙版将被释放，对象恢复为原来的效果。选中制作的不透明蒙版，选择"停用不透明蒙版"命令，不透明蒙版被禁用，"透明度"控制面板的变化如图 8-98 所示。

图 8-95

图 8-96　　　　　　　　　图 8-97　　　　　　　　　图 8-98

选中制作的不透明蒙版，选择"取消链接不透明蒙版"命令，蒙版对象和被蒙版对象之间的链接关系被取消。在"透明度"控制面板中，蒙版对象和被蒙版对象缩略图之间的"指示不透明蒙版链接到图稿"按钮 ，可转换为"单击可将不透明蒙版链接到图稿"按钮 ，如图 8-99 所示。

图 8-99

选中制作的不透明蒙版，勾选"透明度"控制面板中的"剪切"复选框，如图 8-100 所示，不透明蒙版的变化效果如图 8-101 所示。勾选"透明度"控制面板中的"反相蒙版"复选框，如图 8-102 所示，不透明蒙版的变化效果如图 8-103 所示。

图 8-100　　　　　　　　图 8-101　　　　　　　　图 8-102　　　　　　　　图 8-103

8.4.3 "透明度"控制面板中的混合模式

"透明度"控制面板中提供了 16 种混合模式，如图 8-104 所示。打开一张图像，如图 8-105 所示。在图像上选择需要的图形，如图 8-106 所示。

图 8-104   图 8-105   图 8-106

分别选择不同的混合模式，可以观察图像的不同变化，效果如图 8-107 所示。

"正常"模式   "变暗"模式   "正片叠底"模式   "颜色加深"模式

"变亮"模式   "滤色"模式   "颜色减淡"模式   "叠加"模式

"柔光"模式   "强光"模式   "差值"模式   "排除"模式

图 8-107

"色相"模式　　　　　"饱和度"模式　　　　　"混色"模式　　　　　"明度"模式

图 8-107（续）

课堂练习——制作咖啡海报

【练习知识要点】使用矩形工具和移动复制命令制作背景效果，使用钢笔工具、复制命令和透明度控制面板制作装饰图形，使用文字工具和直线段工具添加宣传文字，使用文字工具和封套扭曲命令制作装饰文字，效果如图 8-108 所示。

【素材所在位置】Ch08\素材\制作咖啡海报\01。

【效果所在位置】Ch08\效果\制作咖啡海报.ai。

图 8-108

课后习题——制作儿童节卡片

【习题知识要点】使用矩形工具、圆角矩形工具和路径查找器面板绘制背景效果，使用椭圆工具、移动复制命令和透明度控制面板制作装饰底纹，使用星形工具、直接选择工具和转换点工具绘制标牌，使用矩形工具和直接选择工具绘制彩带，使用文字工具添加文字，效果如图 8-109 所示。

【效果所在位置】Ch08\效果\制作儿童节卡片.ai。

图 8-109

第9章

混合与封套效果的使用

本章介绍

本章将重点讲解混合和封套效果的制作方法。使用混合命令可以产生颜色和形状的混合，生成中间对象的逐级变形。封套命令是 Illustrator CS6 中很实用的一个命令，它可以用图形对象轮廓来约束其他对象的行为。

- -

学习目标

- 熟练掌握混合效果的创建方法。
- 掌握封套变形命令的使用技巧。

- -

技能目标

- 掌握"旅游广告"的制作方法。
- 掌握"夏季清凉主题插画"的绘制方法。

9.1 混合效果的使用

"混合"命令可以创建一系列处于两个自由形状之间的路径，也就是一系列样式递变的过渡图形。该命令可以在两个或两个以上的图形对象之间使用。

功能介绍

混合工具：可以对整个图形、部分路径或控制点进行混合。

9.1.1 课堂案例——制作旅游广告

【案例学习目标】使用混合工具制作图形的立体化效果。

【案例知识要点】使用钢笔工具、混合工具制作图形立体化效果，使用多种绘图工具绘制小树图形，使用文字工具、弧形命令制作文字变形效果，使用倾斜工具将文字倾斜，使用椭圆工具、钢笔工具、路径查找器命令制作会话框，效果如图 9-1 所示。

【效果所在位置】Ch09\效果\制作旅游广告.ai。

图 9-1

1. 制作背景效果

（1）按 Ctrl+N 组合键，新建一个文档，设置文档的宽度为 304mm，高度为 150mm，取向为横向，颜色模式为 CMYK。

（2）选择矩形工具 ▣ ，在页面中单击，会弹出"矩形"对话框，在对话框中进行设置，如图 9-2 所示，单击"确定"按钮，得到一个矩形。选择选择工具 ▶ ，将矩形拖曳到适当的位置，设置图形填充色为黄色（其 C、M、Y、K 的值分别为 10、12、68、0），填充图形，并设置描边色为无，如图 9-3 所示。

图 9-2

图 9-3

（3）选择钢笔工具 ，在适当的位置绘制图形，设置图形填充色为深红色（其 C、M、Y、K 的值分别为 37、91、100、3），填充图形，并设置描边色为无，效果如图 9-4 所示。选择选择工具，选取图形，按 Ctrl+C 组合键，复制图形，按 Ctrl+F 组合键，将复制的图形粘贴在前面，拖曳上边中间的控制点到适当的位置，调整其大小。设置图形填充色为橘红色（其 C、M、Y、K 的值分别为 14、81、82、0），填充图形，效果如图 9-5 所示。

图 9-4   图 9-5

（4）双击混合工具，在弹出的"混合先项"对话框中进行设置，如图 9-6 所示，单击"确定"按钮，分别在两个图形上单击，图形混合后的效果如图 9-7 所示。

图 9-6   图 9-7

（5）选择钢笔工具，在适当的位置分别绘制图形，如图 9-8 所示。设置图形填充色为深红色（其 C、M、Y、K 的值分别为 37、91、100、3），填充图形，并设置描边色为无，效果如图 9-9 所示。

图 9-8   图 9-9

（6）选择钢笔工具，在适当的位置绘制图形，设置图形填充色为橘黄色（其 C、M、Y、K 的值分别为 7、42、81、0），填充图形，并设置描边色为无，效果如图 9-10 所示。选择选择工具，选取图形，按 Ctrl+C 组合键，复制图形，按 Ctrl+F 组合键，将复制的图形粘贴在前面，拖曳上边中间的控制点到适当的位置，调整其大小。设置图形填充色为淡黄色（其 C、M、Y、K 的值分别为 12、25、77、0），填充图形，效果如图 9-11 所示。

图 9-10

图 9-11

（7）双击混合工具 ，在弹出的"混合选项"对话框中进行设置，如图 9-12 所示，单击"确定"
按钮，分别在两个图形上单击，图形混合后的效果如图 9-13 所示。

图 9-12

图 9-13

（8）选择"窗口 > 透明度"命令，弹出"透明度"控制面板，选项的设置如图 9-14 所示，图形
效果如图 9-15 所示。按 Ctrl+ [组合键，后移一层，效果如图 9-16 所示。

图 9-14

图 9-15

图 9-16

（9）按 Ctrl+O 组合键，打开本书学习资源中的"Ch09 > 素材 > 制作旅游广告 > 01"文件，选
择选择工具 ，按 Ctrl+A 组合键，全选图形。按 Ctrl+C 组合键，复制图形。选择正在编辑的页面，
按 Ctrl+V 组合键，将复制的图形粘贴到页面中，并将其拖曳到适当的位置，取消选取状态，效果如图
9-17 所示。

（10）选择椭圆工具 ，在适当的位置绘制椭圆形，填充图形为黑色，并设置描边色为无。在"透
明度"面板中，将"不透明度"选项设置为 15%，按 Enter 键，效果如图 9-18 所示。选择钢笔工具 ，
在适当的位置绘制图形，设置图形填充色为深蓝色（其 C、M、Y、K 的值分别为 47、27、20、0），
填充图形，并设置描边色为无，效果如图 9-19 所示。

图 9-17

图 9-18

图 9-19

（11）选择椭圆工具 ，在适当的位置绘制椭圆形，设置图形填充色为米白色（其 C、M、Y、K

的值分别为 7、7、11、0），填充图形，并设置描边色为无，效果如图 9-20 所示。选择选择工具 ，
按住 Alt+Shift 键的同时，拖曳右上角的控制点，复制并等比例缩小图形。设置图形填充色为棕色（其
C、M、Y、K 的值分别为 48、57、71、2），填充图形，效果如图 9-21 所示。

（12）选择矩形工具 ，在适当的位置绘制正方形，设置图形填充颜色为深棕色（其 C、M、Y、
K 的值分别为 57、64、80、15），填充图形，并设置描边色为无，效果如图 9-22 所示。选择椭圆工具
，按住 Shift 键的同时，在适当的位置绘制圆形，设置图形填充色为绿色（其 C、M、Y、K 的值分
别为 69、29、85、0），填充图形，并设置描边色为无，效果如图 9-23 所示。

图 9-20   图 9-21   图 9-22   图 9-23

（13）选择选择工具 ，使用圈选的方法将绘制的图形同时选取，按 Ctrl+G 组合键，将其编组。
将编组的图形拖曳到页面中适当的位置，效果如图 9-24 所示。按住 Alt 键的同时，分别向右拖曳图形，
复制多个图形并调整其大小，效果如图 9-25 所示。

图 9-24   图 9-25

2. 添加标题文字及图形

（1）选择文字工具 ，在页面中输入需要的文字，选择选择工具 ，在属性栏中分别选择合适
的字体并设置文字大小，设置文字填充色为红色（其 C、M、Y、K 的值分别为 13、86、92、0），填
充文字，效果如图 9-26 所示。

（2）选择"效果 > 变形 > 弧形"命令，会弹出"变形选项"对话框，选项的设置如图 9-27 所示，
单击"确定"按钮，效果如图 9-28 所示。

图 9-26   图 9-27   图 9-28

（3）选择文字工具 T，在页面中输入需要的文字，选择选择工具 ▶，在属性栏中分别选择合适的字体并设置文字大小，设置文字填充色为红色（其 C、M、Y、K 的值分别为 13、86、92、0），填充文字，效果如图 9-29 所示。

（4）双击倾斜工具 ⊿，会弹出"倾斜"对话框，选项的设置如图 9-30 所示，单击"确定"按钮，将文字倾斜，效果如图 9-31 所示。

图 9-29

图 9-30

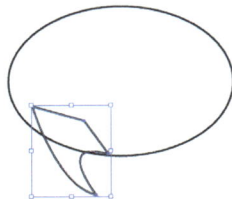
图 9-31

（5）选择椭圆工具 ⬭，在适当的位置绘制椭圆形，如图 9-32 所示。选择钢笔工具 ✎，在适当的位置绘制图形，如图 9-33 所示。

图 9-32

图 9-33

（6）选择选择工具 ▶，按住 Shift 键的同时，单击椭圆形，将其同时选取。选择"窗口 > 路径查找器"命令，会弹出"路径查找器"控制面板，单击"联集"按钮 ⬚，如图 9-34 所示，会生成新的对象，效果如图 9-35 所示。设置图形填充色为深绿色（其 C、M、Y、K 的值分别为 91、56、100、29），填充图形，并设置描边色为无，效果如图 9-36 所示。

图 9-34

（7）按住 Alt 键的同时，向左拖曳图形到适当的位置，复制图形。设置图形填充色为绿色（其 C、M、Y、K 的值分别为 73、8、69、0），填充图形，并设置描边色为无，效果如图 9-37 所示。按住 Shift 键选取原图形，拖曳右上角的控制点，将其旋转到适当的角度，效果如图 9-38 所示。

图 9-35

图 9-36

图 9-37

图 9-38

（8）选择文字工具 T，在页面中输入需要的文字，选择选择工具 ▶，在属性栏中分别选择合适的字体并设置文字大小，填充文字为白色，效果如图 9-39 所示。拖曳文字框右上角的控制点，将其旋转到适当的角度，效果如图 9-40 所示。

（9）选择文字工具 T，在页面中输入需要的文字，选择选择工具 ，在属性栏中分别选择合适的字体并设置文字大小，设置文字填充色为灰色（其 C、M、Y、K 的值分别为 34、27、25、0），填充文字，效果如图 9-41 所示。按住 Alt 键的同时，向左拖曳文字到适当的位置，复制文字并填充文字为白色，效果如图 9-42 所示。

图 9-39　　　　　　图 9-40　　　　　　图 9-41　　　　　　图 9-42

（10）选择选择工具 ，使用圈选的方法将图形和文字同时选取，按 Ctrl+G 组合键，将其编组。将编组内容拖曳到页面中适当的位置，效果如图 9-43 所示。使用相同的方法制作图 9-44 所示的效果。

图 9-43　　　　　　　　　　　　　图 9-44

（11）选择钢笔工具 ，在适当的位置绘制图形，设置图形填充色为淡黄色（其 C、M、Y、K 的值分别为 12、23、41、0），填充图形，并设置描边色为无，效果如图 9-45 所示。选择选择工具 ，选取图形，按 Ctrl+C 组合键，复制图形，按 Ctrl+F 组合键，将复制的图形粘贴在前面，拖曳图形右下角的控制点到适当的位置，调整其大小并填充图形为白色，效果如图 9-46 所示。

（12）双击混合工具 ，在弹出的"混合选项"对话框中进行设置，如图 9-47 所示，单击"确定"按钮，分别在两个图形上单击，图形混合后的效果如图 9-48 所示。

图 9-45　　　　　　图 9-46　　　　　　图 9-47　　　　　　图 9-48

（13）选择选择工具 ，按住 Alt 键的同时，向左上方拖曳图形到适当的位置，复制图形，效果如图 9-49 所示。使用相同的方法复制其他图形，效果如图 9-50 所示。

图 9-49

图 9-50

（14）按 Ctrl+O 组合键，打开本书学习资源中的"Ch09 > 素材 > 制作旅游广告 > 02"文件，选择选择工具 ，按 Ctrl+A 组合键，全选图形。按 Ctrl+C 组合键，复制图形。选择正在编辑的页面，按 Ctrl+V 组合键，将其粘贴到页面中，并拖曳复制的图形到页面中适当的位置，取消选取状态，效果如图 9-51 所示。旅游广告制作完成。

图 9-51

9.1.2　创建混合效果

选择混合命令可以对整个图形、部分路径或控制点进行混合。混合对象后，中间各级路径上的点的数量、位置以及点之间线段的性质取决于起始对象和终点对象上点的数目，同时还取决于在每个路径上指定的特定点。

混合命令试图匹配起始对象和终点对象上的所有点，并在每对相邻的点间画一条线段。起始对象和终点对象最好包含相同数目的控制点。如果两个对象含有不同数目的控制点，Illustrator 将在中间级中增加或减少控制点。

1．创建混合对象

（1）应用混合工具创建混合对象。

选择选择工具 ，选取要进行混合的两个对象，如图 9-52 所示。选择混合工具 ，单击要混合的起始图像，如图 9-53 所示。

在另一个要混合的图像上进行单击，将它设置为目标图像，如图 9-54 所示，绘制出的混合图像效果如图 9-55 所示。

图 9-52

图 9-53

图 9-54

图 9-55

（2）应用命令创建混合对象。

选择选择工具 ，选取要进行混合的对象。选择"对象 > 混合 > 建立"命令（快捷键为 Alt+Ctrl+B），可绘制出混合图像。

2．创建混合路径

选择选择工具 ，选取要进行混合的对象，如图 9-56 所示。选择混合工具 ，单击要混合的起始路径上的某一锚点，鼠标指针变为实心，如图 9-57 所示。单击另一个要混合的目标路径上的某一锚点，将它设置为目标路径，如图 9-58 所示。绘制出混合路径，效果如图 9-59 所示。

图 9-56 　　　　图 9-57 　　　　图 9-58 　　　　图 9-59

提示 在起始路径和目标路径上单击的锚点不同，所得出的混合效果也不同。

3. 继续混合其他对象

选择混合工具，单击混合路径中最后一个混合对象路径上的锚点，如图 9-60 所示。

图 9-60

单击想要添加的其他对象路径上的锚点，如图 9-61 所示。继续混合对象后的效果如图 9-62 所示。

 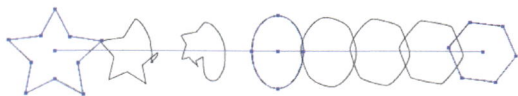

图 9-61 　　　　　　　　　　　　图 9-62

4. 释放混合对象

选择选择工具，选取一组混合对象，如图 9-63 所示。选择"对象 > 混合 > 释放"命令（快捷键为 Alt+Shift+Ctrl+B），释放混合对象，效果如图 9-64 所示。

图 9-63 　　　　　　　　　　　图 9-64

5. 使用"混合选项"对话框

选择选择工具，选取要进行混合的对象，如图 9-65 所示。选择"对象 > 混合 > 混合选项"命令，会弹出"混合选项"对话框，在对话框的"间距"下拉列表中选择"平滑颜色"，可以使混合的颜色保持平滑，如图 9-66 所示。在对话框的"间距"下拉列表中选择"指定的步数"，可以设置混合对象的步骤数，如图 9-67 所示。

图 9-65 　　　　　　　图 9-66 　　　　　　　图 9-67

在对话框的"间距"下拉列表中选择"指定的距离"选项，可以设置混合对象间的距离，如图 9-68 所示。在对话框的"取向"选项组中有两个选项可以选择："对齐页面"选项和"对齐路径"选项，如图 9-69 所示。设置每个选项后，单击"确定"按钮。选择"对象 > 混合 > 建立"命令，将对象混合，效果如图 9-70 所示。

图 9-68

图 9-69

图 9-70

9.1.3　混合的形状

混合命令可以将一种形状变形成另一种形状。

1.　多个对象的混合变形

选择钢笔工具，在页面上绘制 4 个形状不同的对象，如图 9-71 所示。

选择混合工具，单击第 1 个对象，接着按照顺时针的方向，依次单击每个对象，这样每个对象都被混合了，效果如图 9-72 所示。

第 1 步

第 2 步

第 3 步

图 9-71　　　　　　　　　　　　　　图 9-72

2.　绘制立体效果

选择钢笔工具，在页面上绘制灯笼的上底、下底和边缘线，如图 9-73 所示。选取灯笼的左右两条边缘线，如图 9-74 所示。

选择"对象 > 混合 > 混合选项"命令，会弹出"混合选项"对话框，设置"指定的步数"选项文本框中的数值为 4，在"取向"选项组中选择"对齐页面"选项，如图 9-75 所示，单击"确定"按钮。选择"对象 > 混合 > 建立"命令，灯笼上面的立体骨架绘制完成，效果如图 9-76 所示。

图 9-73

图 9-74

图 9-75

图 9-76

9.1.4　编辑混合路径

在制作混合图形之前，需要修改混合选项的设置，否则系统将采用默认的设置建立混合图形。

混合得到的图形由混合路径相连接，自动创建的混合路径默认是直线，如图 9-77 所示，可以编辑这条混合路径。编辑混合路径可以添加、减少控制点，以及扭曲混合路径，也可将直角控制点转换为曲线控制点。

选择"对象 > 混合 > 混合选项"命令，会弹出"混合选项"对话框，在"间距"选项组中包括 3 个选项，如图 9-78 所示。

图 9-77　　　　　　　　　　　　　图 9-78

"平滑颜色"选项：按进行混合的两个图形的颜色和形状来确定混合的步数，为默认的选项，效果如图 9-79 所示。

"指定的步数"选项：控制混合的步数，当"指定的步数"选项设置为 2 时，效果如图 9-80 所示。当"指定的步数"选项设置为 7 时，效果如图 9-81 所示。

图 9-79　　　　　　　　　　　　　图 9-80

"指定的距离"选项：控制每一步混合的距离。当"指定的距离"选项设置为 25 时，效果如图 9-82 所示。当"指定的距离"选项设置为 2 时，效果如图 9-83 所示。

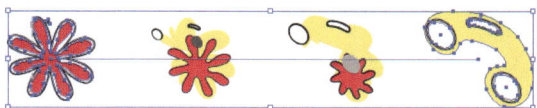

图 9-81　　　　　　　　　　　　　图 9-82

如果想要将混合图形与存在的路径结合，司时选取混合图形和外部路径，选择"对象 > 混合 > 替换混合轴"选项，可以替换混合图形中的混合路径，混合前后的效果对比如图 9-84 和图 9-85 所示。

图 9-83　　　　　　　　　图 9-84　　　　　　　　　图 9-85

9.1.5 编辑混合对象

1. 改变混合图像的重叠顺序

选取混合图像，选择"对象 > 混合 > 反向堆叠"命令，混合图像的重叠顺序将被改变，改变前后的效果对比如图 9-86 和图 9-87 所示。

图 9-86

图 9-87

2. 打散混合图像

选取混合图像，选择"对象 > 混合 > 扩展"命令，混合图像将被打散，打散后的前后效果对比如图 9-88 和图 9-89 所示。

图 9-88

图 9-89

9.2 封套效果的使用

Illustrator CS6 中提供了不同形状的封套类型，利用不同的封套类型可以改变选定对象的形状。封套不仅可以应用到选定的图形中，还可以应用于路径、复合路径、文本对象、网格、混合或导入的位图当中。

当对一个对象使用封套时，对象就像被放入一个特定的容器中，封套使对象本身发生相应的变化。同时，对于应用了封套的对象，还可以对其进行一定的编辑，如修改、删除等。

功能介绍

封套扭曲命令：可以应用程序所预设的封套图形，或使用网格工具调整对象，还可以使用自定义图形作为封套。

9.2.1 课堂案例——绘制夏季清凉主题插画

【案例学习目标】使用封套扭曲命令编辑文字。

【案例知识要点】使用文字工具、用变形建立命令制作文字扭曲效果，使用直线段工具绘制直线，效果如图 9-90 所示。

【效果所在位置】Ch09\效果\绘制夏季清凉主题插画.ai。

图 9-90

（1）按 Ctrl+O 组合键，打开本书学习资源中的"Ch09 > 素材 > 绘制夏季清凉主题插画 > 01"文件，如图 9-91 所示。

（2）选择文字工具，在页面中分别输入需要的文字，选择选择工具，在属性栏中分别选择合适的字体并设置文字大小。将文字同时选取，设置文字填充色为蓝色（其 C、M、Y、K 的值分别为 70、9、4、0），填充文字，效果如图 9-92 所示。

（3）选择选择工具，选取英文"Summer"。选择"对象 > 封套扭曲 > 用变形建立"命令，在弹出的对话框中进行设置，如图 9-93 所示，单击"确定"按钮，效果如图 9-94 所示。

图 9-91

图 9-92

图 9-93

图 9-94

（4）选择直线段工具，按住 Shift 键的同时，在页面中绘制一条直线，设置直线描边色为蓝色（其 C、M、Y、K 的值分别为 70、9、4、0）填充直线描边，如图 9-95 所示。在属性栏中将"描边粗细"选项设置为 2pt，按 Enter 键，效果如图 9-96 所示。

（5）选择文字工具，在页面中输入需要的文字，选择选择工具，在属性栏中分别选择合适的字体并设置文字大小，填充文字为白色，效果如图 9-97 所示。

图 9-95

图 9-96

图 9-97

（6）选择"对象 > 封套扭曲 > 用变形建立"命令，在弹出的对话框中进行设置，如图 9-98 所示，单击"确定"按钮，效果如图 9-99 所示。夏季清凉主题插画绘制完成，如图 9-100 所示。

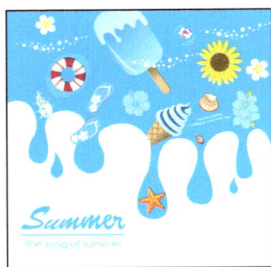

| 图 9-98 | 图 9-99 | 图 9-100 |

9.2.2　创建封套

当需要使用封套来改变对象的形状时，可以应用程序所预设的封套图形，或者使用网格工具调整对象，还可以使用自定义图形作为封套。但是，该图形必须处于所有对象的最上层。

（1）从应用程序预设的形状创建封套。

选中对象，选择"对象 > 封套扭曲 > 用变形建立"命令（快捷键为 Alt+Shift+Ctrl+W），会弹出"变形选项"对话框，如图 9-101 所示。

"样式"下拉列表中提供了 15 种封套类型，可根据需要选择，如图 9-102 所示。

"水平"选项和"垂直"选项用来设置指定封套类型的放置位置。选定一个选项，在"弯曲"选项中设置对象的弯曲程度，可以设置应用封套类型在水平或垂直方向上的比例。勾选"预览"复选框，预览设置的封套效果，单击"确定"按钮，将设置好的封套应用到选定的对象中，图形应用封套前后的对比效果如图 9-103 所示。

| 图 9-101 | 图 9-102 | 图 9-103 |

（2）使用网格建立封套。

选中对象，选择"对象 > 封套扭曲 > 用网格建立"命令（快捷键为 Alt+Ctrl+M），会弹出"封套网格"对话框。在"行数"选项和"列数"选项的文本框中，可以根据需要输入网格的行数和列数，如图 9-104 所示，单击"确定"按钮，设置完成的网格封套将应用到选定的对象中，如图 9-105 所示。

设置完成的网格封套还可以通过网格工具 進行编辑。选择网格工具 ，单击网格封套对象，即可增加对象上的网格数，如图 9-106 所示。按住 Alt 键的同时，单击对象上的网格点和网格线，可以减少网格封套的行数和列数。

图 9-104

用网格工具 ⊞ 拖曳网格点可以改变对象的形状，如图 9-107 所示。

（3）使用路径建立封套。

同时选中对象和想要用来作为封套的路径（这时封套路径必须处于所有对象的最上层），如图 9-108 所示。选择"对象 > 封套扭曲 > 用顶层对象建立"命令（快捷键为 Alt+Ctrl+C），使用路径创建的封套效果如图 9-109 所示。

| 图 9-105 | 图 9-106 | 图 9-107 | 图 9-108 | 图 9-109 |

9.2.3　编辑封套

用户可以对创建的封套进行编辑。由于创建的封套是将封套和对象组合在一起的，所以，既可以编辑封套，也可以编辑对象，但是两者不能同时编辑。

1．编辑封套形状

选择选择工具 ▶，选取一个含有对象的封套。选择"对象 > 封套扭曲 > 用变形重置"命令或"用网格重置"命令，会弹出"变形选项"对话框或"重置封套网格"对话框，这时，可以根据需要重新设置封套类型，效果如图 9-110 和图 9-111 所示。

选择直接选择工具 ▶ 或使用网格工具 ⊞，可以拖曳封套上的锚点进行编辑。还可以使用变形工具 🔥 对封套进行扭曲变形，效果如图 9-112 和图 9-113 所示。

| 图 9-110 | 图 9-111 | 图 9-112 | 图 9-113 |

2．编辑封套内的对象

选择选择工具 ▶，选取含有封套的对象，如图 9-114 所示。选择"对象 > 封套扭曲 > 编辑内容"命令（快捷键为 Shift+Ctrl+P），对象将会显示原来的选框，如图 9-115 所示。这时在"图层"控制面板中的封套图层左侧将显示一个小三角形，这表示可以修改封套中的内容，如图 9-116 所示。

图 9-114

图 9-115

图 9-116

9.2.4 设置封套属性

对封套进行设置，可以使封套更好地符合图形绘制的要求。

选择一个封套对象，选择"对象 > 封套扭曲 > 封套选项"命令，会弹出"封套选项"对话框，如图 9-117 所示。

勾选"消除锯齿"复选框，可以在使用封套变形的时候防止锯齿的产生，保持图形的清晰度。在编辑非直角封套时，可以选择"剪切蒙版"和"透明度"两种方式保护图形。"保真度"选项用于设置对象适合封套的保真度。当勾选"扭曲外观"复选框后，下方的两个选项将被激活，它可使对象具有外观属性，如应用了特殊效果，对象也随着发生扭曲变形。"扭曲线性渐变填充"和"扭曲图案填充"复选框分别用于扭曲对象的直线渐变填充和图案填充。

图 9-117

课堂练习——制作立体文字

【练习知识要点】使用矩形工具和渐变工具绘制背景效果，使用椭圆工具、渐变工具和透明度控制面板制作装饰圆形和文字阴影，使用文字工具、凸出和斜角效果、封套扭曲和扩展命令制作立体文字，效果如图 9-118 所示。

【效果所在位置】Ch09\效果\制作立体文字.ai。

图 9-118

课后习题——绘制太阳插画

【习题知识要点】使用椭圆工具、羽化命令制作太阳发光效果，使用钢笔工具、混合工具制作高山，使用钢笔工具、不透明度面板制作白云效果，使用粗糙命令制作眉毛效果，使用椭圆工具、旋转工具和钢笔工具制作花草效果，最终效果如图 9-119 所示。

【效果所在位置】Ch09\效果\绘制太阳插画.ai。

图 9-119

第10章 效果的使用

本章介绍

本章将主要讲解 Illustrator CS6 中强大的效果功能。通过对本章的学习，读者可以掌握效果的使用方法，并把变化丰富的图形图像效果应用到实践中。

学习目标

- 了解 Illustrator CS6 中的效果菜单。
- 掌握重复应用效果命令的方法。
- 掌握 Illustrator 效果的使用方法。
- 掌握 Photoshop 效果的使用方法。
- 掌握样式的使用技巧。

技能目标

- 掌握"卡通夜景插画"的绘制方法。
- 掌握"特卖会招贴"的制作方法。
- 掌握"牛奶广告"的制作方法。
- 掌握"矢量插画"的绘制方法。

10.1　效果简介

在 Illustrator CS6 中，使用效果命令可以快速地处理图像，通过对图像的变形和变色可以使其更加精美。所有的效果命令都放置在"效果"菜单下，如图 10-1 所示。

"效果"菜单包括 4 个部分。第 1 部分是重复应用上一个效果的命令，第 2 部分是文档栅格效果的设置，第 3 部分是应用于矢量图的效果命令，第 4 部分是应用于位图的效果命令。

10.2　重复应用效果命令

"效果"菜单的第 1 部分有两个命令，分别是"应用上一个效果"命令和"上一个效果"命令。当没有使用过任何效果时，这两个命令为灰色不可用状态，如图 10-2 所示。当使用过效果后，这两个命令将显示为上次所使

图 10-1

用过的效果命令。例如，如果上次使用过"效果 > 扭曲和变换 > 扭转"命令，那么菜单将变为图 10-3 所示的命令。

图 10-2　　　　　　　图 10-3

选择"应用上一个效果"命令可以直接使用上次效果操作所设置好的数值，把效果添加到图像上。打开文件，如图 10-4 所示，使用"效果 > 扭曲和变换 > 扭转"命令，设置扭转角度为 40°，效果如图 10-5 所示。选择"应用'扭转'"命令，可以保持第 1 次设置的数值不变，使图像再次扭转 40°，如图 10-6 所示。

在上例中，如果选择"扭转"命令，将弹出"扭转"对话框，可以重新输入新的数值，如图 10-7 所示，单击"确定"按钮，得到的效果如图 10-8 所示。

图 10-4　　　图 10-5　　　图 10-6　　　图 10-7　　　图 10-8

10.3　Illustrator 效果

Illustrator 效果是应用于矢量图像的效果，它包括 10 个效果组，有些效果组又包括多个效果。

10.3.1　课堂案例——绘制卡通夜景插画

【案例学习目标】使用绘图工具和效果命令绘制卡通夜景插画。

【案例知识要点】使用矩形工具和渐变工具绘制夜景，使用椭圆工具、钢笔工具、透明度控制面板和风格化效果绘制月亮和光晕，使用星形工具和投影命令添加星星图形，使用椭圆工具、路径查找器面板和渐变工具绘制云，用钢笔工具和渐变工具绘制山丘，效果如图 10-9 所示。

【效果所在位置】Ch10\效果\绘制卡通夜景插画.ai。

图 10-9

（1）按 Ctrl+N 组合键，新建一个文档，设置文档的宽度和高度均为 150mm，颜色模式为 CMYK。选择矩形工具 ，在页面中绘制一个与页面大小相等的矩形，效果如图 10-10 所示。

（2）双击渐变工具 ，会弹出"渐变"控制面板，在色带上设置两个渐变滑块，分别将渐变滑块的位置设为 0、100，并将其 C、M、Y、K 的值分别设置为 0（84、47、8、0）、100（100、100、67、57），其他选项的设置如图 10-11 所示，图形被填充渐变色，并设置描边色为无，效果如图 10-12 所示。

（3）选择椭圆工具 ，按住 Shift 键的同时在适当的位置绘制圆形，将圆形填充为白色，并设置描边色为无，效果如图 10-13 所示。

| 图 10-10 | 图 10-11 | 图 10-12 | 图 10-13 |

（4）选择"窗口 > 透明度"命令，在弹出的面板中进行设置，如图 10-14 所示，按 Enter 键确认操作，效果如图 10-15 所示。保持图形的选取状态，选择"效果 > 风格化 > 羽化"命令，在弹出的对话框中进行设置，如图 10-16 所示，单击"确定"按钮，效果如图 10-17 所示。

图 10-14　　　　　　　图 10-15　　　　　　　图 10-16　　　　　　　图 10-17

（5）选择钢笔工具 ，在适当的位置绘制一个图形，如图 10-18 所示。双击渐变工具 ，会弹出"渐变"控制面板，在色带上设置两个渐变滑块，分别将渐变滑块的位置设为 0、100，并将其 C、M、Y、K 的值分别设置为 0（8、4、32、0）、100（17、46、94、0），其他选项的设置如图 10-19 所示，图形被填充渐变色，并设置描边色为无，效果如图 10-20 所示。

图 10-18　　　　　　　　　图 10-19　　　　　　　　　图 10-20

（6）选择选择工具 ，选取图形，选择"效果 > 风格化 > 投影"命令，会弹出"投影"对话框，将投影颜色的 C、M、Y、K 值分别设为 84、64、54、11，其他选项的设置如图 10-21 所示，单击"确定"按钮，效果如图 10-22 所示。

（7）选择椭圆工具 ，在页面中分别绘制多个椭圆形，如图 10-23 所示。选择选择工具 ，将所有椭圆形同时选取，如图 10-24 所示。

图 10-21　　　　　　　图 10-22　　　　　　　图 10-23　　　　　　　图 10-24

（8）选择"窗口 > 路径查找器"命令，在弹出的面板中单击"联集"按钮 ，如图 10-25 所示，生成新对象，效果如图 10-26 所示。

（9）双击渐变工具 ，会弹出"渐变"控制面板，在色带上设置两个渐变滑块，分别将渐变滑块的位置设为 0、82，并将其 C、M、Y、K 的值分别设置为 0（0、0、0、0）、82（65、4、10、0），其他选项的设置如图 10-27 所示，图形被填充渐变色，并设置描边色为无，效果如图 10-28 所示。

图 10-25

图 10-26

图 10-27

图 10-28

（10）选择"效果 > 风格化 > 投影"命令，在弹出的对话框中将投影颜色的 C、M、Y、K 值设为 85、75、70、47，其他选项的设置如图 10-29 所示，单击"确定"按钮，效果如图 10-30 所示。

（11）选择选择工具，将图形拖曳到适当的位置，效果如图 10-31 所示。按住 Alt 键的同时，分别拖曳图形到适当的位置，复制图形，并分别调整其大小，效果如图 10-32 所示。

图 10-29

图 10-30

图 10-31

图 10-32

（12）选择星形工具，在页面中适当的立置绘制一个星形，如图 10-33 所示。双击渐变工具，会弹出"渐变"控制面板，在色带上设置两个渐变滑块，分别将渐变滑块的位置设为 0、100，并将其 C、M、Y、K 的值分别设置为 0（8、4、32、0）、100（17、46、94、0），其他选项的设置如图 10-34 所示，图形被填充渐变色，并设置描边色为无，效果如图 10-35 所示。

（13）保持图形的选取状态。选择"效果 > 风格化 > 投影"命令，在弹出的对话框中将投影颜色的 C、M、Y、K 值设为 85、75、70、47，其他选项的设置如图 10-36 所示，单击"确定"按钮，效果如图 10-37 所示。

图 10-33

图 10-34

图 10-35

图 10-36

图 10-37

（14）选择选择工具，选取图形，将鼠标指针置于选择框外侧，当鼠标指针变为形状时，拖曳鼠标将图形旋转到适当的角度，效果如图 10-38 所示。将图形拖曳到适当的位置，效果如图 10-39 所示。按住 Alt 键的同时，分别拖曳图形到适当的位置，复制图形，并调整其角度和大小，效果如图 10-40 所示。

图 10-38　　　　　　　　　　图 10-39　　　　　　　　　　图 10-40

（15）选择钢笔工具，在适当的位置绘制一个图形。双击渐变工具，会弹出"渐变"控制面板，在色带上设置两个渐变滑块，分别将渐变滑块的位置设为 0、100，并将其 C、M、Y、K 的值分别设置为 0（47、0、61、0）、100（80、21、100、0），其他选项的设置如图 10-41 所示，图形被填充渐变色，并设置描边色为无，效果如图 10-42 所示。选择选择工具，按住 Alt 键的同时，拖曳图形到适当的位置，复制图形，效果如图 10-43 所示。

图 10-41　　　　　　　　　　图 10-42　　　　　　　　　　图 10-43

（16）选取下方的图形，选择"效果 > SVG 滤镜 > AI_高斯模糊_4"命令，为图形添加高斯模糊，效果如图 10-44 所示。按 Ctrl+O 组合键，分别打开本书学习资源中的"Ch10 > 素材 > 绘制卡通夜景插画 > 01、02"文件，分别复制图形，并将其粘贴到正在编辑的页面中，效果如图 10-45 所示。选取树图形，按 Ctrl+ [组合键，向后移动图形到适当的位置，效果如图 10-46 所示。卡通夜景插画绘制完成。

图 10-44　　　　　　　　　　图 10-45　　　　　　　　　　图 10-46

10.3.2 "3D"效果

"3D"效果可以将开放路径、封闭路径或位图对象转换为可以旋转、打光和投影的三维对象，如图 10-47 所示。

3D(3)	▶	凸出和斜角(E)...
SVG 滤镜(G)	▶	绕转(R)...
变形(W)	▶	旋转(O)...

图 10-47

"3D"效果组中的效果如图 10-48 所示。

原图像　　"凸出和斜角"效果　　"绕转"效果　　"旋转"效果

图 10-48

10.3.3 "SVG 滤镜"效果

SVG 是将图像描述为形状、路径、文本和滤镜效果的矢量格式，生成的文件很小，可在 Web、打印甚至资源有限的移动设备上提供较高品质的图像。用户可以在不损失图像的锐利程度、细节或清晰度的情况下，在屏幕上放大 SVG 图像的视图。此外，SVG 提供对文本和颜色的高级支持，它可以确保用户看到的图像和 Illustrator 画板上所显示的一样。

"SVG 滤镜"效果是一系列描述各种数学运算的 XML 属性，生成的效果会应用于目标对象而不是源图形。如果对象使用了多个效果，则"SVG 滤镜"效果必须是最后一个效果。

如果要从 SVG 文件导入效果，需要选择"效果 > SVG 滤镜 > 导入 SVG 滤镜"命令，如图 10-49 所示，选择所需的 SVG 文件，然后单击"打开"按钮。

图 10-49

10.3.4 "变形"效果

"变形"效果使对象扭曲或变形，可作用的对象有路径、文本、网格、混合和栅格图像，如图 10-50 所示。

图 10-50

"变形"效果组中的效果如图 10-51 所示。

原图像	"弧形"变形	"下弧形"变形	"上弧形"变形
"拱形"变形	"凸出"变形	"凹壳"变形	"凸壳"变形
"旗形"变形	"波形"变形	"鱼形"变形	"上升"变形
"鱼眼"变形	"膨胀"变形	"挤压"变形	"扭转"变形

图 10-51

10.3.5 "扭曲和变换"效果

"扭曲和变换"效果可以使图像产生各种扭曲变形的效果，它包括 7 个效果命令，如图 10-52 所示。

图 10-52

"扭曲和变换"效果组中的效果如图 10-53 所示。

| 原图像 | "变换"命令 | "扭拧"命令 | "扭转"命令 |

| "收缩和膨胀"命令 | "波纹效果"命令 | "粗糙化"命令 | "自由扭曲"命令 |

图 10-53

10.3.6 "栅格化"效果

"栅格化"效果是用来生成像素（非矢量数据）的效果，可以将矢量图像转化为像素图像，"栅格化"对话框如图 10-54 所示。

图 10-54

10.3.7 "裁剪标记"效果

裁剪标记指示了所需的打印纸张剪切的位置，效果如图 10-55 所示。

原图像　　　　　　　使用"裁剪标记"效果

图 10-55

10.3.8 "路径"效果

"路径"效果可以将对象路径相对于对象的原始位置进行偏移，将文字转化为如同其他图形对象那样可进行编辑和操作的一组复合路径，将所选对象的描边更改为与原始描边相同粗细的填色对象，如图 10-56 所示。

图 10-56

10.3.9 课堂案例——制作特卖会招贴

【案例学习目标】使用文字工具、扭曲和变换命令、路径命令、模糊命令、风格化命令制作特卖会招贴。

【案例知识要点】使用艺术效果命令制作背景，使用文字工具、风格化命令制作文字效果，特卖会招贴效果如图 10-57 所示。

【效果所在位置】Ch10\效果\制作特卖会招贴.ai。

图 10-57

1．绘制背景图形

（1）按 Ctrl+N 组合键，新建一个文档，设置文档的宽度为 100mm，高度为 140mm，取向为竖向，颜色模式为 CMYK。

（2）选择矩形工具▣，在页面中单击，会弹出"矩形"对话框，在对话框中进行设置，如图 10-58 所示，单击"确定"按钮，得到一个矩形，效果如图 10-59 所示。

（3）双击渐变工具▣，会弹出"渐变"控制面板，在色带上设置 2 个渐变滑块，分别将渐变滑块的位置设为 18、100，并将其 C、M、Y、K 值分别设置为 18（0、100、66、0）、100（0、100、80、50），其他选项的设置如图 10-60 所示，图形被填充渐变色，并设置描边色为无，效果如图 10-61 所示。

图 10-58

图 10-59

图 10-60

图 10-61

（4）选择"文件 > 置入"命令，会弹出"置入"对话框，选择本书学习资源中的"Ch10 > 素材 > 制作特卖会招贴 > 01"文件，单击"置入"按钮，置入文件，单击属性栏中的"嵌入"按钮，嵌入图片，效果如图 10-62 所示。在属性栏中将图片的"不透明度"选项设为 10%，效果如图 10-63 所示。选择选择工具，选中图形，按住 Alt 键的同时拖曳图形，复制图形并调整其大小，效果如图 10-64 所示。

图 10-62

图 10-63

图 10-64

（5）选择椭圆工具，按住 Shift 键的同时在适当的位置绘制一个圆形，填充图形为白色，并设置描边色为无，效果如图 10-65 所示。选择选择工具，选中圆形，选择"效果 > 模糊 > 高斯模糊"命令，会弹出"高斯模糊"对话框，选项的设置如图 10-66 所示，单击"确定"按钮，效果如图 10-67 所示。用同样的方法制作多个模糊图形，效果如图 10-68 所示。

图 10-65

图 10-66

图 10-67

图 10-68

2．制作特效文字

（1）选择星形工具 ☆，在页面左上角绘制一个星形，设置星形填充色为浅黄色（其 C、M、Y、K 的值分别为 0、0、20、0），填充图形，并设置描边色为无，效果如图 10-69 所示。

（2）选择选择工具 ▶，选中星形，选择"效果 > 扭曲和变换 > 收缩和膨胀"命令，会弹出"收缩和膨胀"对话框，选项的设置如图 10-70 所示，单击"确定"按钮，效果如图 10-71 所示。

图 10-69　　　　　　　　　图 10-70　　　　　　　　　图 10-71

（3）选择文字工具 T，分别输入需要的文字，选择选择工具 ▶，在属性栏中分别选择合适的字体并设置文字大小，设置文字填充色为浅黄色（其 C、M、Y、K 的值分别为 0、0、20、0），填充文字，效果如图 10-72 所示。用同样的方法添加其他文字，填充文字为黑色，并填充描边色为白色。选择选择工具 ▶，在属性栏中选择合适的字体并设置文字大小，单击"居中对齐"按钮 ≡，效果如图 10-73 所示。

（4）选择选择工具 ▶，选中文字，在按住 Alt 键的同时，按向左和向上方向键，调整文字的字距和行距，效果如图 10-74 所示。选择"文字 > 创建轮廓"命令，将文字转换为轮廓。

图 10-72　　　　　　　　　图 10-73　　　　　　　　　图 10-74

（5）在"渐变"控制面板中的色带上设置 6 个渐变滑块，分别将渐变滑块的位置设为 0、36、73、80、86、100，并将其 C、M、Y、K 值分别设置为 0（0、30、78、0）、36（42、67、100、0）、73（0、30、78、0）、80（0、0、24、0）、86（0、20、55、0）、100（0、30、78、0），其他选项的设置如图 10-75 所示，文字被填充为渐变色，效果如图 10-76 所示。选择渐变工具 ▣，在文字上从左到右拖曳填充渐变色，效果如图 10-77 所示。

图 10-75

图 10-76   图 10-77

（6）选择选择工具 ，选中文字，选择"效果 > 风格化 > 外发光"命令，会弹出"外发光"选项，将外发光颜色设为白色，其余选项的设置如图 10-78 所示，单击"确定"按钮，效果如图 10-79所示。

图 10-78   图 10-79

3．添加装饰图形

（1）选择矩形工具 ，在页面中绘制一个矩形，如图 10-80 所示。在"渐变"控制面板中的色带上设置 5 个渐变滑块，分别将渐变滑块的位置设为 0、26、50、70、100，并将其 C、M、Y、K 值分别设置为 0（4、29、79、0）、26（4、29、79、0）、50（32、70、100、0）、70（54、98、100、45）、100（10、38、84、0），其他选项的设置如图 10-81 所示，图形被填充渐变色，并设置描边色为无，效果如图 10-82 所示。

图 10-80   图 10-81   图 10-82

（2）选择矩形工具 ，在页面中绘制一个矩形，如图 10-83 所示。在"渐变"控制面板中的色带上设置 5 个渐变滑块，分别将渐变滑块的位置设为 0、10、45、75、100，并将其 C、M、Y、K 值分别设置为 0（0、18、50、0）、10（0、0、0、0）、45（0、30、78、0）、75（42、68、100、0）、100（0、

30、78、0），其他选项的设置如图 10-84 所示，图形被填充渐变色，并设置描边色为无，效果如图 10-85 所示。

图 10-83　　　　　　　　　　图 10-84　　　　　　　　　　图 10-85

（3）选择选择工具，选中图形，按住 Alt 键的同时，用鼠标向下拖曳图形，复制图形，效果如图 10-86 所示。将所绘制的矩形同时选取，按 Ctrl+G 组合键将其编组。选择选择工具，将编组的图形拖曳到合适的位置并旋转适当的角度，效果如图 10-87 所示。

图 10-86　　　　　　　　　　　　图 10-87

（4）选择矩形具，绘制一个与页面等大的矩形，按住 Shift 键，将其与装饰矩形同时选取，如图 10-88 所示，按 Ctrl+7 组合键，建立剪切蒙版，效果如图 10-89 所示。

（5）按 Ctrl+O 组合键，分别打开本书学习资源中的"Ch10 > 素材 > 制作特卖会招贴 > 02、03"文件，按 Ctrl+A 组合键，全选图形，分别复制并将其粘贴到正在编辑的页面中。选择选择工具，调整素材图形的大小和位置，效果如图 10-90 所示。特卖会招贴制作完成。

图 10-88　　　　　　　　　图 10-89　　　　　　　　　图 10-90

10.3.10　"路径查找器"效果

"路径查找器"效果可以将组、图层或子图层合并到单一的可编辑对象中，如图 10-91 所示。

图 10-91

10.3.11　"转换为形状"效果

"转换为形状"效果可以将矢量对象的形状转换为矩形、圆角矩形或椭圆，如图 10-92 所示。

图 10-92

"转换为形状"效果组中的效果如图 10-93 所示。

原图像　　　　　"矩形"效果　　　　　"圆角矩形"效果　　　　　"椭圆"效果

图 10-93

10.3.12　"风格化"效果

"风格化"效果可以增强对象的外观效果，如图 10-94 所示。

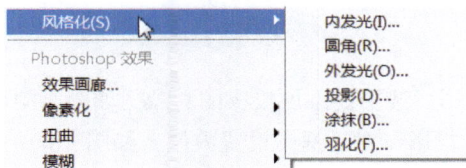

图 10-94

1．"内发光"效果

"内发光"效果可以在对象的内部创建发光的外观效果。选中要添加内发光效果的对象，如图 10-95 所示，选择"效果 > 风格化 > 内发光"命令，在弹出的"内发光"对话框中设置数值，如图 10-96 所示，单击"确定"按钮，对象的内发光效果如图 10-97 所示。

图 10-95   图 10-96   图 10-97

2．"圆角"效果

"圆角"效果可以为对象添加圆角效果。选中要添加圆角效果的对象，如图 10-98 所示，选择"效果 > 风格化 > 圆角"命令，在弹出的"圆角"对话框中设置数值，如图 10-99 所示，单击"确定"按钮，对象的圆角效果如图 10-100 所示。

图 10-98   图 10-99   图 10-100

3．"外发光"效果

"外发光"效果可以在对象的外部创建发光的外观效果。选中要添加外发光效果的对象，如图 10-101 所示，选择"效果 > 风格化 > 外发光"命令，在弹出的"外发光"对话框中设置数值，如图 10-102 所示，单击"确定"按钮，对象的外发光效果如图 10-103 所示。

图 10-101   图 10-102   图 10-103

4．"投影"效果

"投影"效果为对象添加投影。选中要添加投影的对象，如图 10-104 所示，选择"效果 > 风格化 > 投影"命令，在弹出的"投影"对话框中设置数值，如图 10-105 所示，单击"确定"按钮，对象的投影效果如图 10-106 所示。

图 10-104　　　　　　　　图 10-105　　　　　　　　图 10-106

5. "涂抹"效果

选中要添加涂抹效果的对象，如图 10-107 所示，选择"效果 > 风格化 > 涂抹"命令，在弹出的"涂抹选项"对话框中设置数值，如图 10-108 所示，单击"确定"按钮，对象的效果如图 10-109 所示。

图 10-107　　　　　　　　图 10-108　　　　　　　　图 10-109

6. "羽化"效果

"羽化"效果可以将对象的边缘从实心颜色逐渐过渡为无色。选中要羽化的对象，如图 10-110 所示，选择"效果 > 风格化 > 羽化"命令，在弹出的"羽化"对话框中设置数值，如图 10-111 所示，单击"确定"按钮，对象的效果如图 10-112 所示。

图 10-110　　　　　　　　图 10-111　　　　　　　　图 10-112

10.4　Photoshop 效果

Photoshop 效果是应用于位图图像的效果，它包括一个效果画廊和 9 个效果组，有些效果组又包括多个效果。

> **提示**　在应用 Photoshop 效果制作图像效果之前，要确定当前新建页面是在 RGB 模式下，否则效果的各选项将不可用。

10.4.1　课堂案例——制作牛奶广告

【案例学习目标】使用文字工具、模糊命令和 3D 效果制作牛奶广告。

【案例知识要点】使用置入命令和复制命令制作背景效果，使用高斯模糊命令制作牛图形的投影，使用文字工具添加需要的文字，使用 3D 效果命令制作文字的立体效果，最终效果如图 10-113 所示。

【效果所在位置】Ch10\效果\制作牛奶广告.ai。

图 10-113

（1）按 Ctrl+N 组合键，新建一个文档，设置文档的宽度为 88mm，高度为 125mm，取向为竖向，颜色模式为 CMYK。

（2）选择"文件 > 置入"命令，会弹出"置入"对话框，选择本书学习资源中的"Ch10 > 素材 > 制作牛奶广告 > 01"文件，单击"置入"按钮，置入文件。单击属性栏中的"嵌入"按钮，嵌入图片，效果如图 10-114 所示。

（3）按 Ctrl+O 组合键，打开本书学习资源中的"Ch10 > 素材 > 制作牛奶广告 > 02"文件，按 Ctrl+A 组合键，全选图形，复制并将其粘贴到正在编辑的页面中，选择选择工具 ，分别调整其位置，效果如图 10-115 所示。

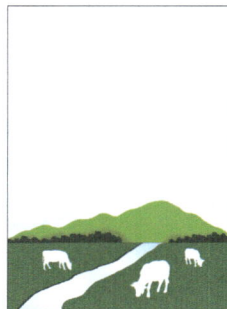

图 10-114　　　　　　图 10-115

（4）选择选择工具 ，选取需要的图形。按 Ctrl+C 组合键，复制图形，按 Ctrl+F 组合键，原位粘贴图像。设置图形填充色为深绿色（其 C、M、Y、K 的值分别为 100、0、100、75），填充图形，效果如图 10-116 所示。选择"效果 > 模糊 > 高斯模糊"命令，在弹出的对话框中进行设置，如图 10-117 所示，单击"确定"按钮，将图形后移一层，效果如图 10-118 所示。

图 10-116

图 10-117

图 10-118

（5）用相同的方法制作其他牛图形的模糊效果，如图 10-119 所示。选择文字工具 ，输入需要的文字，选择选择工具 ，在属性栏中选择合适的字体和文字大小，效果如图 10-120 所示。将文字旋转到适当的角度，效果如图 10-121 所示。设置文字填充色为无，设置描边色为绿色（其 C、M、Y、K 的值分别为 70、20、91、0），填充文字描边，效果如图 10-122 所示。

（6）选择文字工具 ，在适当的位置分别输入需要的文字，选择选择工具 ，在属性栏中分别选择合适的字体和文字大小，设置文字填充色为绿色（其 C、M、Y、K 的值分别为 70、20、91、0），填充文字，效果如图 10-123 所示。

图 10-119

图 10-120

图 10-121

图 10-122

Fresh milk from healthy cow
FAT 2.8%

In different countries,milk are divided into different grades.
At present, the most common is whole, low-fat and skim milk.
Currently on the market of milk additives are also quite a
number, such as high calcium low fat milk, which added calcium.

FAT 1.5%
FAT 3.2%
LOW FAT 0.5%

图 10-123

（7）选择选择工具 ，选取需要的文字。选择"效果 > 3D > 凸出和斜角"命令，在弹出的对话框中进行设置，如图 10-124 所示，单击"确定"按钮，效果如图 10-125 所示。

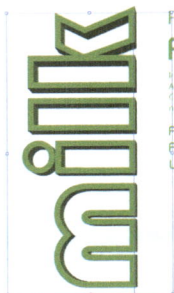

图 10-124 图 10-125

（8）选择文字工具 T，在适当的位置输入需要的文字，选择选择工具 ，在属性栏中选择合适的字体和文字大小，设置文字填充色为绿色（其 C、M、Y、K 的值分别为 70、20、91、0），填充文字，效果如图 10-126 所示。用相同的方法输入右下角的文字，将其填充为白色，效果如图 10-127 所示。

图 10-126 图 10-127

（9）保持文字的选取状态。选择"效果 > 3D > 凸出和斜角"命令，在弹出的对话框中进行设置，如图 10-128 所示，单击"确定"按钮，效果如图 10-129 所示。牛奶广告制作完成，效果如图 10-130 所示。

图 10-128 图 10-129 图 10-130

10.4.2 "像素化"效果

"像素化"效果可以将图像中颜色相似的象素合并起来,产生特殊的效果,如图 10-131 所示。

图 10-131

"像素化"效果组中的效果如图 10-132 所示。

| 原图像 | "彩色半调"效果 | "晶格化"效果 | "点状化"效果 | "铜版雕刻"效果 |

图 10-132

10.4.3 "扭曲"效果

"扭曲"效果可以对像素进行移动或插值来使图像达到扭曲效果,如图 10-133 所示。

图 10-133

"扭曲"效果组中的效果如图 10-134 所示。

| 原图像 | "扩散亮光"效果 | "海洋波纹"效果 | "玻璃"效果 |

图 10-134

10.4.4 "模糊"效果

"模糊"效果可以削弱相邻像素之间的对比度，使图像达到柔化的效果，如图 10-135 所示。

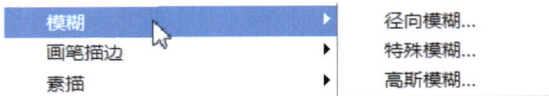

图 10-135

1. "径向模糊"效果

"径向模糊"效果可以使图像产生旋转或运动的效果，模糊的中心位置可以任意调整。

选中图像，如图 10-136 所示，选择"效果 > 模糊 > 径向模糊"命令，在弹出的"径向模糊"对话框中进行设置，如图 10-137 所示，单击"确定"按钮，图像效果如图 10-138 所示。

图 10-136　　　　　　　　图 10-137　　　　　　　　图 10-138

2. "特殊模糊"效果

"特殊模糊"效果可以使图像背景产生模糊效果，可以用来制作柔化效果。

选中图像，如图 10-139 所示，选择"效果 > 模糊 > 特殊模糊"命令，在弹出的"特殊模糊"对话框中进行设置，如图 10-140 所示，单击"确定"按钮，图像效果如图 10-141 所示。

图 10-139　　　　　　　　图 10-140　　　　　　　　图 10-141

3. "高斯模糊"效果

"高斯模糊"效果可以使图像变得柔和，可以用来制作倒影或投影。

选中图像，如图 10-142 所示，选择"效果 > 模糊 > 高斯模糊"命令，在弹出的"高斯模糊"对话框中进行设置，如图 10-143 所示，单击"确定"按钮，图像效果如图 10-144 所示。

图 10-142

图 10-143

图 10-144

10.4.5　课堂案例——绘制矢量插画

【案例学习目标】使用图形工具、染色玻璃滤镜命令、霓虹灯光滤镜命令绘制矢量插画。

【案例知识要点】使用矩形工具、渐变工具绘制背景，使用染色玻璃滤镜命令、霓虹灯光滤镜命令和透明度控制面板制作底纹，效果如图 10-145 所示。

【效果所在位置】Ch10\效果\绘制矢量插画.ai。

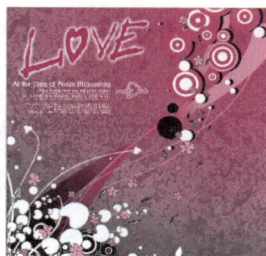
图 10-145

1．制作背景

（1）按 Ctrl+N 组合键，新建一个文档，设置文档的宽度为 298mm，高度为 298mm，取向为竖向，颜色模式为 CMYK。

（2）选择矩形工具 ▣，按住 Shift 键的同时绘制一个正方形，双击渐变工具 ▣，会弹出"渐变"控制面板，将渐变色设为从粉红色（其 C、M、Y、K 的值分别为 26、83、10、0）到黑色，其他选项的设置如图 10-146 所示，图形被填充渐变色。效果如图 10-147 所示。

（3）选择选择工具 �,，选取正方形，选择渐变工具 ▣，从正方形的右上方向左下方拖曳鼠标，松开鼠标，效果如图 10-148 所示。按 Ctrl+O 组合键，打开本书学习资源中的"Ch10 > 素材 > 绘制矢量插画 > 01"文件，选择选择工具 ▂，复制图形并将其粘贴到页面中，如图 10-149 所示。

图 10-146

图 10-147

图 10-148

图 10-149

（4）选择"效果 > 纹理 > 染色玻璃"命令，在弹出的"染色玻璃"对话框中进行设置，如图

10-150 所示，单击"确定"按钮，图形效果如图 10-151 所示。

图 10-150　　　　　　　　　　　　　　　　　图 10-151

（5）选择"效果 > 艺术效果 > 霓虹灯光"命令，会弹出"霓虹灯光"对话框，将发光颜色设为白色，其他选项的设置如图 10-152 所示，单击"确定"按钮，效果如图 10-153 所示。

图 10-152　　　　　　　　　　　　　　　　　图 10-153

（6）选择选择工具，选取花纹图形，选择"窗口 > 透明度"命令，会弹出"透明度"控制面板，将混合模式设为"叠加"，将"不透明度"选项设为 20%，如图 10-154 所示，图形效果如图 10-155 所示。

图 10-154　　　　　　　　　图 10-155

（7）选择选择工具 ▶，选取花纹图形，将其拖曳到正方形上，并调整大小，效果如图 10-156 所示。选择矩形工具 ▢，按住 Shift 键的同时，绘制一个与底层正方形大小相同的正方形，效果如图 10-157 所示。

（8）保持正方形的选取状态，选择选择工具 ▶，按住 Shift 键的同时选取花纹图形，选择"对象 > 剪切蒙版> 建立"命令，效果如图 10-158 所示。

图 10-156　　　　　　　图 10-157　　　　　　　图 10-158

2．添加装饰图形

（1）按 Ctrl+O 组合键，打开本书学习资源中的"Ch10 > 素材 > 绘制矢量插画 > 02"文件，选择选择工具 ▶，选取图形并将其粘贴到正在编辑的页面中，将图形拖曳到底图上并调整其大小，效果如图 10-159 所示。选择矩形工具 ▢，在页面中绘制一个与底图的正方形大小相同的正方形，效果如图 10-160 所示。

（2）选择选择工具 ▶，按住 Shift 键的同时选取花边图形和刚绘制的正方形，效果如图 10-161 所示，选择"对象 > 剪切蒙版 > 建立"命令，效果如图 10-162 所示。

图 10-159　　　　图 10-160　　　　图 10-161　　　　图 10-162

（3）按 Ctrl+O 组合键，打开本书学习资源中的"Ch10 > 素材 > 绘制矢量插画 > 03"文件，选择选择工具 ▶，选取图形并将其粘贴到正在编辑的页面中，拖曳文字到底图的左上方并调整其大小，效果如图 10-163 所示。矢量插画绘制完成，如图 10-164 所示。

图 10-163　　　　　　　　图 10-164

10.4.6 "画笔描边"效果

"画笔描边"效果可以通过不同的画笔和油墨设置产生类似绘画的效果，如图 10-165 所示。

图 10-165

"画笔描边"效果组中的效果如图 10-166 所示。

| 原图像 | "喷溅"效果 | "喷色描边"效果 |

| "墨水轮廓"效果 | "强化的边缘"效果 | "成角的线条"效果 |

| "深色线条"效果 | "烟灰墨"效果 | "阴影线"效果 |

图 10-166

10.4.7 "素描"效果

"素描"效果可以模拟现实中的素描、速写等美术方法对图像进行处理，如图 10-167 所示。

图 10-167

"素描"效果组中的效果如图 10-168 所示。

原图像	"便条纸"效果	"半调图案"效果	"图章"效果
"基底凸现"效果	"影印"效果	"撕边"效果	"水彩画纸"效果
"炭笔"效果	"炭精笔"效果	"石膏效果"效果	"粉笔和炭笔"效果
"绘图笔"效果	'网状"效果	"铬黄"效果	

图 10-168

10.4.8　"纹理"效果

"纹理"效果可以使图像产生各种纹理效果，还可以利用前景色在空白的图像上制作纹理图，如图 10-169 所示。

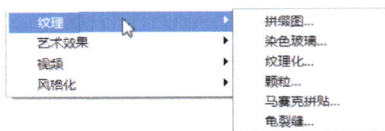

图 10-169

"纹理"效果组中的效果如图 10-170 所示。

原图像　　　　　"拼缀图"效果　　　　　"染色玻璃"效果

"纹理化"效果　　　　"颗粒"效果　　　　"马赛克拼贴"效果　　　　"龟裂缝"效果

图 10-170

10.4.9　"艺术效果"效果

"艺术效果"效果可以模拟不同的艺术派别，使用不同的工具和介质为图像创造出不同的艺术效果，如图 10-171 所示。

图 10-171

"艺术效果"效果组中的效果如图 10-172 所示。

原图像	"塑料包装"效果	"壁画"效果	"干画笔"效果
"底纹效果"效果	"彩色铅笔"效果	"木刻"效果	"水彩"效果
"海报边缘"效果	"海绵"效果	"涂抹棒"效果	"粗糙蜡笔"效果
"绘画涂抹"效果	"胶片颗粒"效果	"调色刀"效果	"霓虹灯光"效果

图 10-172

10.4.10 "视频"效果

"视频"效果可以从摄像机输入图像或将 Illustrator 格式的图像输入录像带上，主要用于解决 Illustrator 格式图像与视频图像交换时产生的系统差异问题，如图 10-173 所示。

视频	►	NTSC 颜色
风格化	►	逐行...

图 10-173

NTSC 颜色：将色域限制在用于电视机重现时的可接受范围内，以防止过饱和颜色渗到电视扫描行中。

逐行：通过移去视频图像中的奇数或偶数扫描行，使在视频上捕捉的运动图像变得更平滑，可以选择通过复制或插值来替换移去的扫描行。

10.4.11 "风格化"效果

"风格化"效果只有 1 个效果，如图 10-174 所示。

"照亮边缘"效果可以把图像中的低对比度区域变为黑色，高对比度区域变为白色，从而使图像上不同颜色的交界处出现发光效果。

选择选择工具 ▶，选中图像，如图 10-175 所示，选择"效果 > 风格化 > 照亮边缘"命令，在弹出的"照亮边缘"对话框中进行设置，如图 10-176 所示，单击"确定"按钮，图像效果如图 10-177 所示。

图 10-174

图 10-175

图 10-176

图 10-177

10.5 样式

Illustrator CS6 提供了多种样式库供大家选择和使用。下面具体介绍各种样式的使用方法。

10.5.1 "图形样式"控制面板

选择"窗口 > 图形样式"命令，会弹出"图形样式"控制面板。在默认的状态下，控制面板的效果如图 10-178 所示。在"图形样式"控制面板中，系统提供了多种预置的样式。在制作图像的过程中，不但可以任意调用控制面板中的样式，还可以创建、保存和管理样式。在"图形样式"控制面板的下方，"断开图形样式链接"按钮 用于断开样式与图形之间的链接；"新建图形样式"按钮 用于建立新的样式；"删除图形样式"按钮 用于删除不需要的样式。

Illustrator CS6 提供了丰富的样式库，可以根据需要调出样式库。选择"窗口 > 图形样式库"命令，会弹出其子菜单，如图 10-179 所示，用以调出不同的样式库，如图 10-180 所示。

> **提示**　Illustrator CS6 中的样式有 CMYK 颜色模式和 RGB 颜色模式两种类型。

图 10-178　　　　　　　　　　　图 10-179

图 10-180

10.5.2　使用样式

选中要添加样式的图形，如图 10-181 所示，在"图形样式"控制面板中单击要添加的样式，如图 10-182 所示，图形被添加样式后的效果如图 10-183 所示。

图 10-181　　　　　　图 10-182　　　　　　图 10-183

定义图形的外观后，可以将其保存。选中要保存外观的图形，如图 10-184 所示。单击"图形样式"控制面板中的"新建图形样式"按钮 ，样式被保存到样式库，如图 10-185 所示。

用鼠标将图形直接拖曳到"图形样式"控制面板中也可以保存图形的样式，如图 10-186 所示。

当把"图形样式"控制面板中的样式添加到图形上时，Illustrator CS6 将在图形和选定的样式之间创建一种链接关系，也就是说，如果"图形样式"控制面板中的样式发生了变化，那么被添加了该样式的图形也会随之变化。单击"图形样式"控制面板中的"断开图形样式链接"按钮 ，可断开链接关系。

| 图 10-184 | 图 10-185 | 图 10-186 |

10.6 "外观"控制面板

在 Illustrator CS6 的"外观"控制面板中，可以查看当前对象或图层的外观属性，其中包括应用到对象上的效果、描边颜色、描边粗细、填色和不透明度等。

选择"窗口 > 外观"命令，会弹出"外观"控制面板。选中一个对象，如图 10-187 所示，在"外观"控制面板中将显示该对象的各项外观属性，如图 10-188 所示。

"外观"控制面板可分为两个部分。

第 1 部分为显示当前选择，可以显示当前路径或图层的缩略图。

第 2 部分为当前路径或图层的全部外观属性列表。它包括应用到当前路径上的效果、描边颜色、描边粗细、填色和不透明度等。如果同时选中的多个对象具有不同的外观属性，如图 10-189 所示，"外观"控制面板将无法一一显示，只能提示当前选择为混合外观，效果如图 10-190 所示。

| 图 10-187 | 图 10-188 | 图 10-189 | 图 10-190 |

在"外观"控制面板中，各项外观属性是有层叠顺序的。在列举选取区的效果属性时，后应用的效果位于先应用的效果之上。拖曳代表各项外观属性的列表项，可以重新排列外观属性的层叠顺序，从而影响到对象的外观。例如，当图像的描边属性在填色属性之上时，图像效果如图 10-191 所示。在"外观"控制面板中将描边属性拖曳到填色属性的下方，如图 10-192 所示。改变层叠顺序后的图像效果如图 10-193 所示。

在创建新对象时，Illustrator CS6 将把当前设置的外观属性自动添加到新对象上。

| 图 10-191 | 图 10-192 | 图 10-193 |

课堂练习——制作广告宣传页

【练习知识要点】使用椭圆工具和自由扭曲命令制作主体不规则图形，使用文字工具和倾斜命令添加主体文字，使用椭圆工具、羽化命令和透明度控制面板制作阴影，使用钢笔工具、矩形工具和剪切蒙版命令制作装饰标签，使用文字工具和创建轮廓命令制作标志，效果如图 10-194 所示。

【效果所在位置】Ch10\效果\制作广告宣传页.ai。

图 10-194

课后习题——制作月饼盒包装

【习题知识要点】使用矩形工具、复制粘贴命令、剪切蒙版和透明度控制面板制作背景花纹，使用文字工具和封套扭曲命令制作变形文字，使用矩形工具和移动复制命令制作装饰条形，效果如图 10-195 所示。

【效果所在位置】Ch10\效果\制作月饼盒包装.ai。

图 10-195

第11章

商业案例实训

本章介绍

本章结合多个商业案例的实际应用，进一步讲解 Illustrator 的强大应用功能和使用技巧，读者在学习商业案例并完成大量商业练习和习题后，可以快速地掌握商业案例设计的理念和软件的技术要点，设计制作出专业的作品。

学习目标

- 掌握软件基础知识的使用方法。
- 了解 Illustrator 的常用设计领域。
- 掌握 Illustrator 在不同设计领域的使用技巧。

技能目标

- 掌握"插画设计——海盗船插画"的绘制方法。
- 掌握"书籍装帧设计——美食书籍封面"的制作方法。
- 掌握"杂志设计——杂志封面"的制作方法。
- 掌握"广告设计——家电广告"的制作方法。
- 掌握"包装设计——巧克力豆包装"的制作方法。

11.1 插画设计——绘制海盗船插画

11.1.1 项目背景及要求

1．客户名称
兔兔儿童书籍。

2．客户需求
兔兔儿童书籍是专为儿童提供的最新版童话故事书。本案例要为儿童书籍绘制插画。要求绘制以海盗船为主题的插画，在插画绘制上要通过简洁的绘画语言表现出海盗船的神秘，以及大海的魅力。

3．设计要求
（1）插画设计要形象生动、可爱丰富。
（2）设计形式要直观醒目，充满趣味性。
（3）画面色彩要丰富多样，表现形式层次分明，具有吸引力。
（4）设计风格要有特色，能够引起人们的共鸣，从而产生向往之情。
（5）设计规格为 150mm（宽）×150mm（高），分辨率为 300 dpi。

11.1.2 项目素材及要点

1．素材资源
图片素材所在位置：本书学习资源中的 'Ch11\素材\绘制海盗船插画\01"。

2．设计作品
设计作品效果所在位置：本书学习资源中的"Ch11\效果\绘制海盗船插画.ai"，如图 11-1 所示。

图 11-1

3．制作要点
使用矩形工具和渐变工具制作渐变背景，使用钢笔工具绘制海面、船和海鸥等图形，使用椭圆工具、路径查找器面板和渐变工具绘制云图形，使用复制命令和后移命令添加船帆图形。

11.1.3　案例制作步骤

1．绘制海面景色

（1）按 Ctrl+N 组合键，新建一个文档，设置文档的宽度和高度均为 150mm，颜色模式为 CMYK。选择矩形工具，绘制一个与页面大小相等的矩形。双击渐变工具，会弹出"渐变"控制面板，在色带上设置两个渐变滑块，分别将渐变滑块的位置设为 0、100，并将其 C、M、Y、K 的值分别设置为 0（0、0、0、0）、100（25、9、16、0），其他选项的设置如图 11-2 所示，图形被填充渐变色，并设置描边色为无，效果如图 11-3 所示。

（2）选择钢笔工具，在适当的位置绘制图形，设置图形填充色的 C、M、Y、K 值分别为 55、8、16、0，填充图形，并设置描边色为无，效果如图 11-4 所示。

  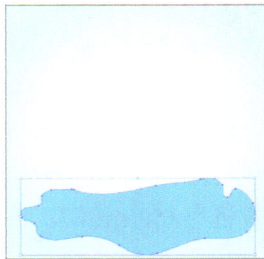

图 11-2　　　　　　　　图 11-3　　　　　　　　图 11-4

（3）选择钢笔工具，在适当的位置绘制图形，如图 11-5 所示。设置图形填充色的 C、M、Y、K 值分别为 18、5、1、0，填充图形，并设置描边色为无，效果如图 11-6 所示。用相同的方法绘制图形并填充相同的颜色，效果如图 11-7 所示。

图 11-5　　　　　　　　图 11-6　　　　　　　　图 11-7

（4）选择钢笔工具，在适当的位置绘制图形。设置图形填充色的 C、M、Y、K 值分别为 46、38、35、0，填充图形，并设置描边色为无，效果如图 11-8 所示。连续按 Ctrl+[组合键，后移图形，效果如图 11-9 所示。

图 11-8　　　　　　　　　　图 11-9

（5）选择钢笔工具，在适当的位置绘制图形。设置图形填充色的 C、M、Y、K 值分别为 18、5、1、0，填充图形，并设置描边色为无，效果如图 11-10 所示。选择矩形工具，在适当的位置绘制矩形，设置图形填充色的 C、M、Y、K 值分别为 18、5、1、0，填充图形，并设置描边色为无，效果如图 11-11 所示。选择钢笔工具 ，绘制右侧的图形，并填充相同的颜色，效果如图 11-12 所示。选择矩形工具 ，在适当的位置绘制矩形，设置图形填充色的 C、M、Y、K 值分别为 18、5、1、0，填充图形，并设置描边色为无，效果如图 11-13 所示。

图 11-10   图 11-11   图 11-12   图 11-13

（6）选择选择工具 ，按住 Alt 键的同时，向右拖曳图形到适当的位置，复制图形，效果如图 11-14 所示。将所有图形同时选取，按 Ctrl+G 组合键，群组图形，并旋转到适当的角度，效果如图 11-15 所示。

（7）选择选择工具 ，选取群组后的图形，按住 Alt 键的同时，分别将其拖曳到适当的位置，复制图形，并调整其大小和角度，效果如图 11-16 所示。

图 11-14   图 11-15   图 11-16

2. 绘制云和海鸥

（1）选择钢笔工具 ，在适当的位置绘制图形，填充图形为黑色，并设置描边色为无，效果如图 11-17 所示。按住 Alt 键的同时，分别将图形拖曳到适当的位置，复制图形，并调整其大小，效果如图 11-18 所示。选择椭圆工具 ，在适当的位置绘制多个椭圆形，如图 11-19 所示。

图 11-17   图 11-18   图 11-19

（2）选择选择工具 ，将绘制的椭圆形同时选取，如图 11-20 所示。选择"窗口 > 路径查找器"命令，在弹出的面板中单击"联集"按钮 ，如图 11-21 所示，合并后的效果如图 11-22 所示。

图 11-20   图 11-21   图 11-22

（3）双击渐变工具 ，会弹出"渐变"控制面板，在色带上设置两个渐变滑块，分别将渐变滑块的位置设为 0、100，并将其 C、M、Y、K 的值分别设置为 0（0、0、0、0）、100（21、15、15、0），其他选项的设置如图 11-23 所示，图形被填充渐变色，并设置描边色为无，效果如图 11-24 所示。

图 11-23　　　　　　　图 11-24

（4）选择选择工具 ，将图形拖曳到适当的位置，如图 11-25 所示。按 Ctrl+C 组合键，复制图形。按 Ctrl+F 组合键，原位粘贴图形。按住 Alt+Shift 键的同时，等比例缩小图形，效果如图 11-26 所示。设置图形填充色的 C、M、Y、K 值分别为 8、2、1、0，填充图形，效果如图 11-27 所示。选取需要的图形，按住 Alt 键的同时，分别将其拖曳到适当的位置，复制图形，并调整其大小，效果如图 11-28 所示。

   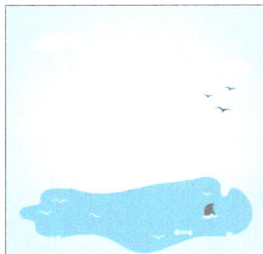

图 11-25　　　　　图 11-26　　　　　图 11-27　　　　　图 11-28

（5）选择选择工具，选取需要的图形，设置填充色的 C、M、Y、K 值分别为 53、32、23、0，填充图形，效果如图 11-29 所示。连续按 Ctrl+ [组合键，后移图形，效果如图 11-30 所示。

图 11-29　　　　　　　图 11-30

3．绘制船图形

（1）选择钢笔工具，在适当的位置绘制图形，设置图形填充色的 C、M、Y、K 值分别为 64、69、75、27，填充图形，并设置描边色为无，效果如图 11-31 所示。用相同的方法再次绘制图形，设置图形填充色的 C、M、Y、K 值分别为 68、74、80、43，填充图形，并设置描边色为无，效果如图 11-32 所示。

图 11-31　　　　　　　　　　　　图 11-32

（2）选择钢笔工具，在适当的位置绘制图形，设置图形填充色的 C、M、Y、K 值分别为 68、74、80、43，填充图形，并设置描边色为无，效果如图 11-33 所示。用相同的方法再次绘制图形，设置图形填充色的 C、M、Y、K 值分别为 52、62、62、4，填充图形，并设置描边色为无，效果如图 11-34 所示。

图 11-33　　　　　　　　　　　　图 11-34

（3）连续按 Ctrl+ [组合键，后移图形，效果如图 11-35 所示。选择钢笔工具，在适当的位置绘制图形，设置图形填充色的 C、M、Y、K 值分别为 52、62、62、4，填充图形，并设置描边色为无，效果如图 11-36 所示。

（4）选择钢笔工具，在适当的位置绘制图形，设置图形填充色的 C、M、Y、K 值分别为 82、80、44、7，填充图形，并设置描边色为无，效果如图 11-37 所示。用相同的方法绘制其他图形，设置图形填充色的 C、M、Y、K 值分别为 51、65、86、10，填充图形，并设置描边色为无，效果如图 11-38 所示。

图 11-35　　　　　　　图 11-36　　　　　　　图 11-37　　　　　　　图 11-38

（5）选择钢笔工具，绘制图形，填充为白色，并设置描边色为无，效果如图 11-39 所示。选择选择工具，选取绘制的图形，按住 Alt 键的同时，多次将其拖曳到适当的位置，复制图形，效果如图 11-40 所示。

图 11-39　　　　　　　　　　　　图 11-40

（6）选择钢笔工具，在适当的位置绘制图形，设置图形填充色的 C、M、Y、K 值分别为 51、65、96、10，填充图形，并设置描边色为无，效果如图 11-41 所示。按 Ctrl+C 组合键，复制图形。按

Ctrl+F 组合键，原位粘贴图形。按住 Alt+Shift 键的同时，等比例缩小图形。设置图形填充色的 C、M、Y、K 值分别为 82、80、44、7，填充图形，效果如图 11-42 所示。

（7）选择钢笔工具 ，在适当的位置绘制图形，如图 11-43 所示。设置图形填充色的 C、M、Y、K 值分别为 23、18、17、0，填充图形，并设置描边色为无，效果如图 11-44 所示。

图 11-41　　　　　　　　　图 11-42　　　　　　图 11-43　　　　图 11-44

（8）选择钢笔工具 ，在适当的位置绘制图形，设置图形填充色的 C、M、Y、K 值分别为 17、73、95、0，填充图形，并设置描边色为无，效果如图 11-45 所示。用相同的方法绘制其他图形，填充为白色，并设置描边色为无，效果如图 11-46 所示。

（9）选择钢笔工具 ，在适当的位置绘制图形，设置图形填充色的 C、M、Y、K 值分别为 82、80、44、7，填充图形，并设置描边色为无，效果如图 11-47 所示。连续按 Ctrl+[组合键，后移图形，效果如图 11-48 所示。

图 11-45　　　　　　　　图 11-46　　　　　　　图 11-47　　　　　　图 11-48

（10）选择钢笔工具 ，在适当的位置绘制图形，设置图形填充色的 C、M、Y、K 值分别为 52、62、62、4，填充图形，并设置描边色为无，效果如图 11-49 所示。连续按 Ctrl+[组合键，后移图形，效果如图 11-50 所示。

（11）选择钢笔工具 ，在适当的位置绘制图形，设置图形填充色的 C、M、Y、K 值分别为 28、43、60、0，填充图形，并设置描边色为无，效果如图 11-51 所示。用相同的方法绘制其他图形，设置图形填充色的 C、M、Y、K 值分别为 51、65、86、10，填充图形，并设置描边色为无，效果如图 11-52 所示。

图 11-49　　　　　　　　图 11-50　　　　　　　图 11-51　　　　图 11-52

（12）选择钢笔工具 ，在适当的位置绘制图形，设置图形填充色的 C、M、Y、K 值分别为 46、38、35、0，填充图形，并设置描边色为无，效果如图 11-53 所示。用相同的方法绘制其他图形，设置图形填充色的 C、M、Y、K 值分别为 67、59、56、6，填充图形，并设置描边色为无，效果如图 11-54

所示。选择选择工具 ，将需要的图形同时选取，连续按 Ctrl+ [组合键，后移图形，效果如图 11-55 所示。

图 11-53   图 11-54   图 11-55

（13）按 Ctrl+O 组合键，打开本书学习资源中的"Ch11 > 素材 > 绘制海盗船插画 > 01"文件，选择选择工具 ，按 Ctrl+A 组合键，全选图形。按 Ctrl+C 组合键，复制图形。选择正在编辑的页面，按 Ctrl+V 组合键，将其粘贴到页面中，并拖曳图形到页面中适当的位置，效果如图 11-56 所示。

（14）连续按 Ctrl+ [组合键，后移图形，效果如图 11-57 所示。将所有图形同时选取，拖曳到页面中适当的位置，效果如图 11-58 所示。海盗船插画绘制完成。

图 11-56   图 11-57   图 11-58

课堂练习 1——绘制电话亭插画

练习 1.1　项目背景及要求

1．客户名称
城市之家报刊。

2．客户需求
城市之家报刊是一家表现现代城市生活、人文信息、环境特色的报刊。本例是为报刊绘制插画，要求符合文章的主题内容，动静结合，体现出悠闲、舒适的城市生活氛围。

3．设计要求
（1）插画的设计要形象生动，内容丰富。

（2）设计形式要直观醒目，在细节的处理上要求细致明晰。

（3）画面色彩要清新明快，搭配适宜，衰现出宁静、祥和、舒适之感。

（4）设计风格要有特色，能够引起人们的共鸣，体现城市生活的安逸和美好。

（5）设计规格为 250mm（宽）×210mm（高），分辨率为 300 dpi。

练习 1.2　项目素材及要点

1．素材资源

图片素材所在位置：本书学习资源中的"Ch11\素材\绘制电话亭插画\01"。

2．设计作品

设计作品效果所在位置：本书学习资源中的"Ch11\效果\绘制电话亭插画.ai"，效果如图 11-59 所示。

图 11-59

3．制作要点

使用矩形工具绘制背景效果，使用椭圆工具、矩形工具、钢笔工具、镜像工具和路径查找器面板绘制电话亭顶和树图形，使用矩形工具、复制命令和圆角矩形工具绘制电话亭，使用文本工具添加文字。

课堂练习2——绘制情侣猫咪插画

练习 2.1　项目背景及要求

1．客户名称

×××出版社。

2．客户需求

《神奇猫咪》是×××出版社策划的一本儿童故事书，书中的内容充满趣味性，能使孩子在乐趣中体验童话世界，学习人生道理。本例是为该书绘制插画，要求符合故事的内容和儿童的喜好，能体现出童话般的奇妙效果。

3．设计要求

（1）插画的设计要以内容主体和儿童喜欢的元素为主导。

（2）设计形式要简洁明晰，能表现书籍特色。

（3）画面色彩要符合童真，使用丰富细腻的颜色，使画面丰富舒适。

（4）设计风格要有特色，能够引起儿童的好奇，以及阅读兴趣。

（5）设计规格为 150mm（宽）×150mm（高），分辨率为 300 dpi。

练习 2.2　项目素材及要点

1．素材资源

图片素材所在位置：本书学习资源中的 "Ch11\素材\绘制情侣猫咪插画\01"。

2．设计作品

设计作品效果所在位置：本书学习资源中的 "Ch11\效果\绘制情侣猫咪插画.ai"，效果如图 11-60 所示。

图 11-60

3．制作要点

使用矩形工具和网格工具绘制背景效果，使用椭圆工具、旋转工具、钢笔工具和路径查找器面板绘制猫咪，使用复制粘贴命令添加猫咪衣物，使用椭圆工具和旋转工具添加装饰圆形。

课后习题 1——制作生日蛋糕插画

习题 1.1　项目背景及要求

1．客户名称

创意生活杂志。

2．客户需求

创意生活杂志是一个展现居家生活、家居设计、生活妙招和节日庆祝的创意生活类杂志期刊。本例是为生日栏目设计制作插画，要求与栏目主题相呼应，能体现出欢快、喜庆之感。

3．设计要求

（1）插画风格要欢快喜庆，简洁直观。

（2）设计形式要细致独特，充满趣味性。

（3）画面色彩要淡雅闲适，表现形式层次分明，具有吸引力。

（4）设计风格要有特色，能够引起人们的共鸣。

（5）设计规格为 210mm（宽）×297mm（高），分辨率为 300 dpi。

习题 1.2　项目素材及要点

1．设计作品

设计作品效果所在位置：本书学习资源中的"Ch11\效果\制作生日蛋糕插画.ai"。效果如图 11-61 所示。

2．制作要点

使用矩形工具和椭圆工具绘制背景效果，使用符号面板添加需要的喜庆和蛋糕图形，使用文字工具添加祝福文字。

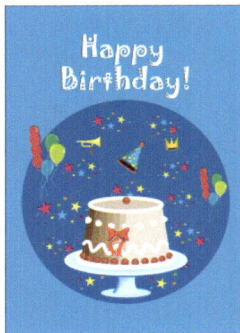

图 11-61

课后习题 2——绘制夏日沙滩插画

习题 2.1　项目背景及要求

1．客户名称

星海旅游杂志。

2．客户需求

星海旅游杂志是一家专业的旅游杂志，主要介绍时尚旅游资讯信息、提供实用的旅行计划等。本案例是为旅游杂志绘制栏目插画，本期栏目的主题是夏日沙滩，要求整体设计符合栏目的主题。

3．设计要求

（1）设计要求具有极强的表现力，使主题更加明确。

（2）设计形式要直观醒目，充满趣味性。

（3）画面构图要新颖。

（4）设计风格要有特色，能够吸引人的注意力。

（5）设计规格为 353mm（宽）×353mm（高），分辨率为 300 dpi。

习题 2.2　项目素材及要点

1．素材资源

图片素材所在位置：本书学习资源中的"Ch11\素材\绘制夏日沙滩插画\01、02"。

文字素材所在位置：本书学习资源中的"Ch11\素材\绘制夏日沙滩插画\文字文档"。

2．设计作品

设计作品效果所在位置：本书学习资源中的"Ch11\效果\绘制夏日沙滩插画.ai"，效果如图 11-62 所示。

图 11-62

3．制作要点

使用钢笔工具和透明度面板制作海岸效果，使用椭圆工具绘制浅色浪花，使用钢笔工具、旋转工具、选择工具和路径查找器面板制作伞和帆板图形，使用复制命令、矩形工具和创建剪贴蒙版命令添加植物图形，使用文字工具添加宣传文字。

11.2 书籍装帧设计——制作美食书籍封面

11.2.1 项目背景及要求

1．客户名称
烤箱美食。

2．客户需求
烤箱美食是一家具有不同特色，为都市青年提供极新的、非常便捷的快餐美食信息的书籍。本案例是为美食书籍制作书籍装帧设计。美食书籍的内容是围绕美食，所以设计要求以美食图案为画面主要内容，且图文搭配合理，色彩搭配得当，使书籍看起来更具特色。

3．设计要求
（1）封面以美食图案为主要内容。
（2）使用丰富炫目的背景烘托画面，使画面看起来精致诱人。
（3）设计要表现出书籍的时尚、美味的风格，给人都市快餐的视觉讯息。
（4）整个设计要充满特色，让人一目了然。
（5）设计规格为 355mm（宽）×240mm（高），分辨率为 300 dpi。

11.2.2 项目素材及要点

1．素材资源
图片素材所在位置：本书学习资源中的 "Ch11\素材\制作美食书籍封面\01~14"。
文字素材所在位置：本书学习资源中的 "Ch11\素材\制作美食书籍封面\文字文档"。

2．设计作品

设计作品效果所在位置：本书学习资源中的"Ch11\效果\制作美食书籍封面.ai"，效果如图 11-63 所示。

图 11-63

3．制作要点

本案例将使用矩形工具、置入命令和创建剪切蒙版命令编辑背景图片，使用文字工具、倾斜命令和旋转命令制作书籍名称，使用椭圆工具、描边面板和直线段命令制作出版信息，使用符号库面板添加需要的符号图形。

11.2.3　案例制作步骤

1．制作封面效果

（1）按 Ctrl+N 组合键，新建一个文档，设置文档的宽度为 355mm，高度为 240mm，取向为横向，出血为 3mm，颜色模式为 CMYK。按 Ctrl+R 组合键，显示标尺。

（2）选择选择工具 ![箭头图标]，在左侧的标尺上拖曳出参考线，在属性栏中将"X"选项设为 170mm，设置参考线，如图 11-64 所示。用相同的方法在 185mm 处设置参考线，效果如图 11-65 所示。

图 11-64

图 11-65

（3）选择"文件 > 置入"命令，会弹出"置入"对话框，选择本书学习资源中的"Ch11 > 素材 > 制作美食书籍封面 > 02~10"文件，单击"置入"按钮，置入文件。单击属性栏中的"嵌入"按钮，嵌入图片，并分别调整其位置和大小，效果如图 11-66 所示。选择矩形工具 ![矩形图标]，在适当的位置绘制一个矩形，填充图形为黑色，并设置描边色为无，效果如图 11-67 所示。

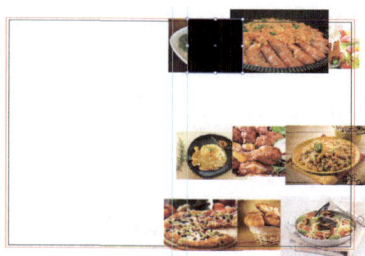

图 11-66   图 11-67

（4）选择选择工具 ▶，按住 Shift+Alt 键的同时，水平向右将其拖曳到适当的位置，复制图形，效果如图 11-68 所示。用相同的方法再复制一个图形，效果如图 11-69 所示。

（5）选择选择工具 ▶，将需要的图形同时选取，再次复制图形，效果如图 11-70 所示。将需要的矩形和图片同时选取，如图 11-71 所示。按 Ctrl+7 组合键，创建剪切蒙版，效果如图 11-72 所示。用相同的方法选取需要的图形和图片，并创建剪切蒙版，效果如图 11-73 所示。

图 11-68   图 11-69   图 11-70

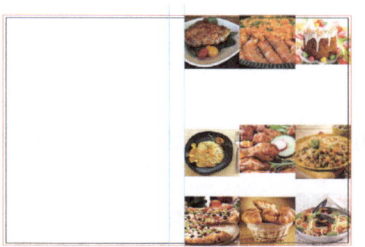

图 11-71   图 11-72   图 11-73

（6）选择钢笔工具 ✎，在适当的位置绘制图形，如图 11-74 所示。设置图形填充色的 C、M、Y、K 值分别为 0、0、100、0，填充图形，并设置描边色为无，效果如图 11-75 所示。

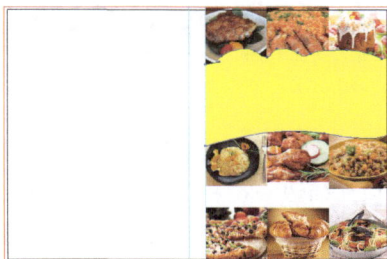

图 11-74   图 11-75

（7）选择矩形工具 ▣，在适当的位置绘制矩形，设置图形填充色的 C、M、Y、K 值分别为 0、0、100、0，填充图形，并设置描边色为无，效果如图 11-76 所示。用相同的方法再绘制一个矩形，设置图形填充色的 C、M、Y、K 值分别为 0、100、20、20，填充图形，并设置描边色为无，效果如图 11-77 所示。

 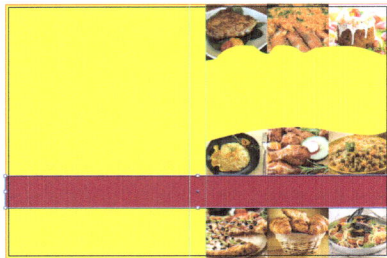

图 11-76 　　　　　　　　　　　　　　图 11-77

（8）选择文字工具 T，在适当的位置分别输入需要的文字，选择选择工具 ▸，在属性栏中分别选择合适的字体和文字大小，效果如图 11-78 所示。选取需要的文字，向左拖曳文字到适当的位置，效果如图 11-79 所示。

图 11-78 　　　　　　　　　　　　　　图 11-79

（9）保持文字的选取状态。选择"对象 > 变换 > 倾斜"命令，在弹出的对话框中进行设置，如图 11-80 所示，单击"确定"按钮，效果如图 11-81 所示。旋转文字，效果如图 11-82 所示。

图 11-80 　　　　　　图 11-81 　　　　　　图 11-82

（10）选择钢笔工具 ✍，在适当的位置绘制曲线，设置曲线描边色的 C、M、Y、K 值分别为 0、100、100、40，填充描边，效果如图 11-83 所示。选择"文件 > 置入"命令，会弹出"置入"对话框，选择本书学习资源中的"Ch11 > 素材 > 制作美食书籍封面 > 01"文件，单击"置入"按钮，置入文件。单击属性栏中的"嵌入"按钮，嵌入图片，并调整其位置和大小，效果如图 11-84 所示。

（11）选择文字工具 T，在适当的位置输入需要的文字，选择选择工具 ▶，在属性栏中选择合适的字体和文字大小，设置文字填充色的 C、M、Y、K 值分别为 0、100、100、40，填充文字，效果如图 11-85 所示。旋转文字，效果如图 11-86 所示。

图 11-83　　　　　　　　图 11-84　　　　　　　　图 11-85　　　　　　　　图 11-86

（12）选择椭圆工具 ⬭，按住 Shift 键的同时在适当的位置绘制圆形，设置图形描边色的 C、M、Y、K 值分别为 60、25、5、0，填充描边，效果如图 11-87 所示。选择"窗口 > 描边"命令，在弹出的面板中进行设置，如图 11-88 所示，按 Enter 键确认操作，效果如图 11-89 所示。

图 11-87　　　　　　　　图 11-88　　　　　　　　图 11-89

（13）按 Ctrl+C 组合键，复制图形，按 Ctrl+F 组合键，原位粘贴图形。按住 Shift+Alt 键的同时向内拖曳调节框，等比例缩小图形，设置图形填充色的 C、M、Y、K 值分别为 60、25、5、0，填充图形，并设置描边色为无，效果如图 11-90 所示。选择矩形工具 ▭，在适当的位置绘制矩形。

（14）选择选择工具 ▶，将需要的图形同时选取，如图 11-91 所示。选择"窗口 > 路径查找器"命令，在弹出的面板中单击"减去顶层"按钮 ⬚，如图 11-92 所示，剪切后的效果如图 11-93 所示。

图 11-90　　　　　　　　图 11-91　　　　　　　　图 11-92　　　　　　　　图 11-93

（15）选择文字工具 T，在适当的位置分别输入需要的文字，选择选择工具 ▶，在属性栏中分别选择合适的字体和文字大小，效果如图 11-94 所示。按住 Shift 键的同时，将需要的文字同时选取，填充为白色，效果如图 11-95 所示。

（16）选择直线段工具 ，按住 Shift 键的同时，在适当的位置绘制直线。在属性栏中将"描边粗细"选项设为 0.5pt，填充直线为白色，效果如图 11-96 所示。选择选择工具 ，按住 Shift+Alt 键的同时，水平向右将其拖曳到适当的位置，复制直线，效果如图 11-97 所示。

图 11-94

图 11-95

图 11-96

图 11-97

（17）选择文字工具 T，在适当的位置分别输入需要的文字，选择选择工具 ，在属性栏中分别选择合适的字体和文字大小，效果如图 11-98 所示。选择文字工具 T，分别选取需要的文字，将其填充为白色或黄色，效果如图 11-99 所示。

图 11-98

图 11-99

（18）选择"窗口 > 符号库 > 艺术纹理"命令，在弹出的面板中选择需要的符号，如图 11-100 所示，将其拖曳到适当的位置，如图 11-101 所示。选择选择工具 ，选取符号，在符号上单击鼠标右键，在弹出的菜单中选择"断开符号链接"命令，断开符号链接。设置图形填充色的 C、M、Y、K 值分别为 0、0、100、0，填充图形，效果如图 11-102 所示。

图 11-100

图 11-101

图 11-102

（19）选择文字工具 T，在适当的位置输入需要的文字，选择选择工具 ，在属性栏中选择合适的字体和文字大小，效果如图 11-103 所示。选择"窗口 > 符号库 > 疯狂科学"命令，在弹出的面板中选择需要的符号，如图 11-104 所示，将其拖曳到适当的位置，效果如图 11-105 所示。

图 11-103　　　　　　　　　图 11-104　　　　　　　　　图 11-105

2．制作封底和书脊效果

（1）选择选择工具，分别选取需要的图形和文字，按住 Alt 键的同时，将其拖曳到适当的位置，复制图形并调整其大小，效果如图 11-106 所示。选择"文件 > 置入"命令，会弹出"置入"对话框，选择本书学习资源中的"Ch11 > 素材 > 制作美食书籍封面 > 11~13"文件，单击"置入"按钮，置入文件。单击属性栏中的"嵌入"按钮，嵌入图片，并分别调整其位置和大小，效果如图 11-107 所示。

（2）选择椭圆工具，按住 Shift 键的同时，在适当的位置绘制圆形，如图 11-108 所示。

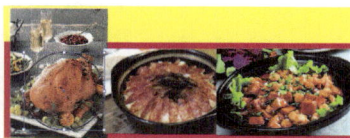

图 11-106　　　　　　　　　图 11-107　　　　　　　　　图 11-108

（3）选择选择工具，按住 Shift+Alt 键的同时，水平向右将其拖曳到适当的位置，复制图形，效果如图 11-109 所示。将需要的圆形和图片同时选取，按 Ctrl+7 组合键，创建剪切蒙版，效果如图 11-110 所示。用相同的方法选取需要的图形和图片，并创建剪切蒙版，效果如图 11-111 所示。

图 11-109　　　　　　　　　图 11-110　　　　　　　　　图 11-111

（4）按 Ctrl+O 组合键，打开本书学习资源中的"Ch11 > 素材 > 制作美食书籍封面 > 14"文件，选择选择工具，按 Ctrl+A 组合键，全选图形。按 Ctrl+C 组合键，复制图形。选择正在编辑的页面，按 Ctrl+V 组合键，将其粘贴到页面中，并拖曳到适当的位置，效果如图 11-112 所示。

（5）选择文字工具，在适当的位置分别输入需要的文字，选择选择工具，在属性栏中分别选择合适的字体和文字大小，效果如图 11-113 所示。

（6）选择直排文字工具，在适当的位置分别输入需要的文字，选择选择工具，在属性栏中分别选择合适的字体和文字大小，效果如图 11-114 所示。选取需要的文字，选择"窗口 > 文字 > 字符"命令，在弹出的面板中进行设置，如图 11-115 所示，按 Enter 键确认操作，效果如图 11-116 所示。

图 11-112　　　　　图 11-113　　　图 11-114　　　图 11-115　　　图 11-116

（7）选择"窗口 > 符号"命令，在弹出的面板中选择需要的符号，如图 11-117 所示，将其拖曳到适当的位置，如图 11-118 所示。选择选择工具 ▶，选取符号，在符号上单击鼠标右键，在弹出的菜单中选择"断开符号链接"命令，断开符号链接。设置图形描边色的 C、M、Y、K 值分别为 0、100、20、20，填充描边，效果如图 11-119 所示。

（8）选择选择工具 ▶，在右侧选取需要的图形，按住 Alt 键的同时，将其拖曳到适当的位置，复制图形，效果如图 11-120 所示。美食书籍封面制作完成，效果如图 11-121 所示。

图 11-117　　　　图 11-118　图 11-119　图 11-120　　　　图 11-121

课堂练习1——制作家装设计书籍封面

练习 1.1　项目背景及要求

1．客户名称
×××出版社。

2．客户需求
《家装设计解剖书》是×××出版社策划的一本室内设计参考手册，书中的内容充满设计感和实用性，能使人们了解室内家装设计规则，并体验设计之美。要求进行书籍封面设计，用于图书的出版，设计要符合书中的宣传主题，能体现出实用感和创造性。

3．设计要求

（1）书籍封面的设计要以建筑元素为主导。

（2）设计要使用建筑图形来诠释书籍内容，表现书籍特色。

（3）画面色彩要大胆，充满艺术性。

（4）设计风格要有特色，能够引起人们的关注及阅读兴趣。

（5）设计规格为 355mm（宽）×240mm（高），分辨率为 300 dpi。

练习 1.2　项目素材及要点

1．素材资源

图片素材所在位置：本书学习资源中的 "Ch11\素材\制作家装设计书籍封面\01~03"。

文字素材所在位置：本书学习资源中的 "Ch11\素材\制作家装设计书籍封面\文字文档"。

2．设计作品

设计作品参考效果所在位置：本书学习资源中的 "Ch11\效果\制作家装设计书籍封面.ai"，效果如图 11-122 所示。

图 11-122

3．制作要点

使用矩形工具绘制背景图形，使用置入命令置入图片，使用复制和旋转命令编辑图片，使用剪切蒙版菜单命令遮挡住蒙版以外的背景图片，使用符号菜单命令添加装饰图形，使用文本工具输入书名和介绍性文字。

课堂练习 2——制作旅游口语书籍封面

练习 2.1　项目背景及要求

1．客户名称

×××出版社。

2．客户需求

《零基础旅游口语》是×××出版社策划的一本关于基础口语的书。喜爱旅游的人很多，他们都希望在旅游前对旅游地有更多更丰富的了解，出国游容易，但语言不通麻烦！本案例是制作旅游口语书籍封面，设计要求突出主题，展现书籍特色。

3．设计要求

（1）要以旅游元素为主导展现画面。

（2）设计要使用直观醒目的图像来诠释书籍内容，表现书籍特色。

（3）画面色彩使用要沉稳大气，给人放心的印象。

（4）画面版式沉稳且富于变化。

（5）设计规格为 353mm（宽）×239mm（高），分辨率为 300 dpi。

练习 2.2　项目素材及要点

1．素材资源

图片素材所在位置：本书学习资源中的"Ch11\素材\制作旅游口语书籍封面\01~04"。

文字素材所在位置：本书学习资源中的"Ch11\素材\制作旅游口语书籍封面\文字文档"。

2．设计作品

设计作品参考效果所在位置：本书学习资源中的"Ch11\效果\制作旅游口语书籍封面.ai"，效果如图 11-123 所示。

图 11-123

3．制作要点

使用文字工具、字符控制面板、直线段工具、圆角矩形工具和直排文字工具制作书名和介绍文字，使用矩形工具、复制粘贴命令和创建剪切蒙版命令制作风景图片，使用椭圆工具和路径文字工具制作封底的路径文字。

课后习题 1——制作社科类书籍封面

习题 1.1　项目背景及要求

1．客户名称

×××出版社。

2．客户需求

《天啊！难道这就是谎话？！》是×××出版社出版的一本介绍说话技巧的书，书中内容介绍了如何正确运用说话技巧使生活和工作更加得心应手。在设计上要通过对书名的设计和其他图形的编排，制作出醒目且不失活泼的封面。

3．设计要求

（1）书籍封面的设计要以卡通元素为主导。

（2）设计要使用书籍名称为主体来诠释书籍内容，表现书籍特色。

（3）画面色彩要明亮鲜丽，使用大胆而丰富的色彩，丰富画面效果。

（4）设计风格要有特色，版式活而不散，能够引起读者的好奇，以及阅读兴趣。

（5）设计规格为 353mm（宽）×239mm（高），分辨率为 300 dpi。

习题 1.2　项目素材及要点

1．素材资源

图片素材所在位置：本书学习资源中的 "Ch11\素材\制作社科类书籍封面\01、02"。

文字素材所在位置：本书学习资源中的 "Ch11\素材\制作社科类书籍封面\文字文档"。

2．设计作品

设计作品参考效果所在位置：本书学习资源中的 "Ch11\效果\制作社科类书籍封面.ai"，效果如图 11-124 所示。

图 11-124

3．制作要点

使用透明度控制面板、镜像工具和复制命令制作背景图案，使用钢笔工具、混合工具和透明度控制面板制作装饰曲线，使用文字工具添加书籍名称和介绍性文字，使用符号控制面板添加需要的符号图形。

课后习题 2——制作儿童教育书籍封面

习题 2.1　项目背景及要求

1．客户名称

×××出版社。

2．客户需求

《每天都懂点孩子的心》是×××出版社策划的一本儿童成长书，书中的内容为开发儿童智力的思维游戏。在设计中要通过对书名的设计和对文字、图片的合理编排，表现出全、新和实用的特点。

3．设计要求

（1）书籍封面的设计要以儿童喜欢的元素为主导。

（2）设计要使用儿童插画的形式来诠释书籍内容，表现书籍特色。

（3）画面色彩要明亮鲜艳，大胆而丰富，以丰富画面效果。

（4）设计风格要有特色，版式活而不散，能够引起儿童的好奇，以及阅读兴趣。

（5）设计规格为 353mm（宽）×239mm（高），分辨率为 300 dpi。

习题 2.2　项目素材及要点

1．素材资源

图片素材所在位置：本书学习资源中的"Ch11\素材\制作儿童教育书籍封面\01~03"。

文字素材所在位置：本书学习资源中的"Ch11\素材\制作儿童教育书籍封面\文字文档"。

2．设计作品

设计作品参考效果所在位置：本书学习资源中的"Ch11\效果\制作儿童教育书籍封面.ai"，效果如图 11-125 所示。

图 11-125

3．制作要点

使用文字工具和描边命令编辑标题文字，使用投影命令为标题文字添加投影效果，使用插入字形命令插入需要的字形，使用星形工具、圆角命令和扩展命令制作装饰星形。

11.3　杂志设计——制作杂志封面

11.3.1　项目背景及要求

1．客户名称

潮尚杂志。

2．客户需求

潮尚杂志是一本为走在时尚前沿的人们准备的资讯类杂志。杂志的主要内容是介绍完美彩妆、流行影视、时尚服饰等信息。要求进行杂志的封面设计，用于杂志的出版，在设计上要营造出时尚感和现代感。

3．设计要求

（1）画面要以极具现代气息的女性照片为主要图片。

（2）栏目标题的设计能诠释杂志内容，表现杂志特色。

（3）画面色彩要充满时尚性和现代感。

（4）设计风格要有特色，版式布局相对集中紧凑、合理有序。

（5）设计规格为 210mm（宽）×270mm（高），分辨率为 300 dpi。

11.3.2　项目素材及要点

1．素材资源

图片素材所在位置：本书学习资源中的"Ch11\素材\制作杂志封面\01、02"。

文字素材所在位置：本书学习资源中的"Ch11\素材\制作杂志封面\文字文档"。

2．设计作品

设计作品参考效果所在位置：本书学习资源中的"Ch11\效果\制作杂志封面.ai"，效果如图 11-126 所示。

3．制作要点

使用置入命令、矩形工具和创建剪切蒙版命令制作背景图片，使用纹理效果命令制作图片纹理，使用文字工具和字符面板添加杂志名称和栏目名称，使用椭圆工具和剪刀工具制作圆弧，使用倾斜命令倾斜文字。

图 11-126

11.3.3　案例制作步骤

（1）按 Ctrl+N 组合键，新建一个文档，设置文档的宽度为 210mm，高度为 270mm，取向为竖向，颜色模式为 CMYK。选择"文件 > 置入"命令，会弹出"置入"对话框，选择本书学习资源中的"Ch11 > 素材 > 制作杂志封面 > 01"文件，单击"置入"按钮，置入文件。单击属性栏中的"嵌入"按钮，嵌入图片，并调整其大小，效果如图 11-127 所示。

（2）选择矩形工具 ▣，绘制一个矩形，如图 11-128 所示。选择选择工具 ▶，将矩形和图片同时选取，按 Ctrl+7 组合键，创建剪贴蒙版，效果如图 11-129 所示。

图 11-127

图 11-128

图 11-129

（3）保持图形的选取状态，选择"效果 > 纹理 > 纹理化"命令，在弹出的对话框中进行设置，如图 11-130 所示，单击"确定"按钮，效果如图 11-131 所示。

图 11-130   图 11-131

（4）选择文字工具 $\boxed{T}$，在适当的位置分别输入需要的文字，选择选择工具 $\boxed{\text{\tiny R}}$，在属性栏中选择合适的字体和文字大小，设置文字填充色的 C、M、Y、K 值分别为 66、82、98、57，填充文字，效果如图 11-132 所示。

（5）选择文字工具 $\boxed{T}$，在适当的位置输入需要的文字，选择选择工具 $\boxed{\text{\tiny R}}$，在属性栏中选择合适的字体和文字大小，设置文字填充色的 C、M、Y、K 值分别为 8、80、95、0，填充文字，效果如图 11-133 所示。

（6）保持文字的选取状态，选择"窗口 > 文字 > 字符"命令，会弹出"字符"面板，将"设置所选字符的字距调整"选项 $\boxed{\text{VA}}$ 设为–20，如图 11-134 所示，按 Enter 键确认操作，效果如图 11-135 所示。

图 11-132   图 11-133   图 11-134   图 11-135

（7）选择文字工具 $\boxed{T}$，在适当的位置分别输入需要的文字，选择选择工具 $\boxed{\text{\tiny R}}$，在属性栏中分别选择合适的字体和文字大小，设置文字填充色的 C、M、Y、K 值分别为 66、82、98、57，填充文字，效果如图 11-136 所示。

（8）选择选择工具 $\boxed{\text{\tiny R}}$，将两个文字同时选取，在"字符"面板中将"设置所选字符的字距调整"选项 $\boxed{\text{VA}}$ 设为–40，如图 11-137 所示，按 Enter 键确认操作，效果如图 11-138 所示。

（9）选择文字工具 $\boxed{T}$，在适当的位置分别输入需要的文字，选择选择工具 $\boxed{\text{\tiny R}}$，在属性栏中分别选择合适的字体和文字大小，效果如图 11-139 所示。

| 图 11-136 | 图 11-137 | 图 11-138 | 图 11-139 |

（10）选择选择工具，按住 Shift 键的同时，将需要的文字同时选取，设置文字填充色的 C、M、Y、K 值分别为 66、82、98、57，填充文字，效果如图 11-140 所示。按住 Shift 键的同时，再次将需要的文字同时选取，设置文字填充色的 C、M、Y、K 值分别为 8、80、95、0，填充文字，效果如图 11-141 所示。

（11）选择选择工具，将需要的文字选取，在"字符"面板中将"设置所选字符的字距调整"选项设为–40，如图 11-142 所示，按 Enter 键确认操作，效果如图 11-143 所示。

| 图 11-140 | 图 11-141 | 图 11-142 | 图 11-143 |

（12）选择选择工具，将需要的文字选取，在"字符"面板中将"设置所选字符的字距调整"选项设为–80，如图 11-144 所示，按 Enter 键确认操作，效果如图 11-145 所示。

（13）选择选择工具，将需要的文字选取，在"字符"面板中将"设置行距"选项设为11.77pt，如图 11-146 所示，按 Enter 键确认操作，效果如图 11-147 所示。

| 图 11-144 | 图 11-145 | 图 11-146 | 图 11-147 |

（14）选择文字工具，将需要的文字选取，在"字符"面板中将"设置所选字符的字距调整"选项设为 100，如图 11-148 所示，按 Enter 键确认操作，效果如图 11-149 所示。再次选取需要的文字，在"字符"面板中将"设置所选字符的字距调整"选项设为–80，如图 11-150 所示，按 Enter 键确认操作，效果如图 11-151 所示。

图 11-148	图 11-149	图 11-150	图 11-151

（15）选择文字工具 T ，在适当的位置分别输入需要的文字，选择选择工具 ，在属性栏中分别选择合适的字体和文字大小，效果如图 11-152 所示。

（16）选择选择工具 ，按住 Shift 键的同时，将需要的文字同时选取，设置文字填充色的 C、M、Y、K 值分别为 66、82、98、57，填充文字，效果如图 11-153 所示。按住 Shift 键的同时，再次将需要的文字同时选取，设置文字填充色的 C、M、Y、K 值分别为 8、80、95、0，填充文字，效果如图 11-154 所示。

图 11-152	图 11-153	图 11-154

（17）选择椭圆工具 ，按住 Shift 键的同时，在适当的位置绘制圆形，设置图形描边色的 C、M、Y、K 值分别为 8、80、95、0，填充描边，在属性栏中将"描边粗细"选项设为 0.5pt，效果如图 11-155 所示。选择剪刀工具 ，在圆上需要的位置单击，剪切图形，如图 11-156 所示，在圆的另一位置再次单击，剪切图形，如图 11-157 所示。

图 11-155	图 11-156	图 11-157

（18）选择选择工具 ，选取需要的图形，如图 11-158 所示，按 Delete 键，删除图形，效果如图 11-159 所示。将需要的图形和文字同时选取，拖曳鼠标将其旋转到适当的角度，效果如图 11-160 所示。

图 11-158   图 11-159   图 11-160

（19）选择文字工具 T，在适当的位置分别输入需要的文字，选择选择工具 ↖，在属性栏中分别选择合适的字体和文字大小，效果如图 11-161 所示。分别选取需要的文字，填充适当的颜色，效果如图 11-162 所示。

（20）选择选择工具 ↖，将需要的文字选取，选择"对象 ＞ 变换 ＞ 倾斜"命令，在弹出的对话框中进行设置，如图 11-163 所示，单击"确定"按钮，效果如图 11-164 所示。

图 11-161   图 11-162   图 11-163   图 11-164

（21）选择文字工具 T，在适当的位置输入需要的文字，选择选择工具 ↖，在属性栏中选择合适的字体和文字大小，设置文字填充色的 C、M、Y、K 值分别为 66、82、98、57，填充文字，效果如图 11-165 所示。

（22）按 Ctrl+O 组合键，打开本书学习资源中的"Ch11 ＞ 素材 ＞ 制作杂志封面 ＞ 02"文件，选择选择工具 ↖，按 Ctrl+A 组合键，全选图形。按 Ctrl+C 组合键，复制图形。选择正在编辑的页面，按 Ctrl+V 组合键，将其粘贴到页面中，并拖曳到适当的位置，效果如图 11-166 所示。杂志封面制作完成，效果如图 11-167 所示。

图 11-165   图 11-166   图 11-167

课堂练习 1——制作旅游栏目

练习 1.1　项目背景及要求

1．客户名称
新娘杂志。

2．客户需求
新娘杂志包罗了最新的婚纱款式和婚庆装扮，旨在帮助新婚夫妇规划最优秀的蜜月旅游路线、向读者介绍各种旅行知识，提供一切热门的旅行资讯，栏目精练、内容新鲜。设计应符合杂志定位，明确主题。

3．设计要求
（1）画面要以浪漫的风景照为主要内容。

（2）栏目标题的设计能诠释杂志主要内容，表现杂志特色。

（3）画面色彩搭配适宜，给人甜美温馨的印象。

（4）设计风格要有特色，版式布局相对集中，吸引读者阅读。

（5）设计规格为 420mm（宽）×297mm（高），分辨率为 300 dpi。

练习 1.2　项目素材及要点

1．素材资源
图片素材所在位置：本书学习资源中的"Ch11\素材\制作旅游栏目\01、02"。

文字素材所在位置：本书学习资源中的"Ch11\素材\制作旅游栏目\文字文档"。

2．设计作品
设计作品参考效果所在位置：本书学习资源中的"Ch11\效果\制作旅游栏目.ai"，效果如图 11-168 所示。

图 11-168

3．制作要点
使用置入命令置入图片，使用文字工具、创建轮廓命令、直接选择工具、钢笔工具和描边命令制作标题文字，使用文字工具添加其他相关信息。

课堂练习 2——制作服饰栏目

练习 2.1　项目背景及要求

1．客户名称
丽风尚杂志。

2．客户需求
本例是为丽风尚杂志制作流行服饰栏目，在时尚杂志中，服饰栏目是必不可少的，它介绍当前非常流行的服饰及搭配信息。设计要求具有现代感和流行性，符合都市女性的喜好。

3．设计要求
（1）画面要以服饰照片和宣传文字为内容。

（2）栏目名称的设计与封面相呼应，具有统一感。

（3）画面色彩搭配适宜，给人时尚和现代的印象。

（4）设计风格要有特色，版式布局新颖独特，能吸引读者阅读。

（5）设计规格为 420mm（宽）×297mm（高），分辨率为 300 dpi。

练习 2.2　项目素材及要点

1．素材资源
图片素材所在位置：本书学习资源中的 'Ch11\素材\制作服饰栏目\01、02"。

文字素材所在位置：本书学习资源中的 'Ch11\素材\制作服饰栏目\文字文档"。

2．设计作品
设计作品参考效果所在位置：本书学习资源中的 "Ch11\效果\制作服饰栏目.ai"，效果如图 11-169所示。

图 11-169

3．制作要点
使用置入命令、矩形工具、椭圆工具和创建剪贴蒙版命令制作图片效果，使用复制粘贴命令和文字工具修改栏目标题，使用文字工具和字符控制面板添加栏目内容，使用投影命令为文字添加投影。

课后习题 1——制作家具栏目

习题 1.1　项目背景及要求

1．客户名称
丽风尚杂志。

2．客户需求
本例是为丽风尚杂志制作家具栏目，它介绍当季最流行的款式及向读者分享最新产品，受到了多数顾客的喜爱。设计要求具有时尚、新潮的特点，符合现代都市人的喜爱。

3．设计要求
（1）画面要以家具照片和介绍文字为内容。

（2）栏目名称的设计与整体画面相呼应，具有统一感。

（3）画面色彩搭配适宜，充满流行和新潮的特点。

（4）设计风格要有特色，版式布局新颖独特，能吸引读者阅读。

（5）设计规格为 420mm（宽）×297mm（高），分辨率为 300 dpi。

习题 1.2　项目素材及要点

1．素材资源
图片素材所在位置：本书学习资源中的"Ch11\素材\制作家具栏目\01~07"。

文字素材所在位置：本书学习资源中的"Ch11\素材\制作家具栏目\文字文档"。

2．作品参考
设计作品参考效果所在位置：本书学习资源中的"Ch11\效果\制作家具栏目.ai"，效果如图 11-170 所示。

图 11-170

3．制作要点
使用复制粘贴命令和文字工具修改栏目标题，使用置入命令、矩形工具、创建剪贴蒙版命令和旋转工具制作图片效果，使用椭圆工具和圆角矩形工具绘制钟表效果，使用文字工具和字符面板添加栏目内容。

课后习题 2——制作珠宝栏目

习题 2.1　项目背景及要求

1．客户名称

丽风尚杂志。

2．客户需求

本例是为丽风尚杂志制作珠宝栏目，它介绍当季最流行的款式，以及向读者分享最新产品，得到多数女性的喜爱。设计要求具有时尚、新潮的特点，符合年轻女性的喜好。

3．设计要求

（1）画面要以珠宝照片和介绍文字为内容。

（2）栏目名称的设计与整体画面相呼应，具有统一感。

（3）画面色彩搭配适宜，充满流行和新潮的特点。

（4）设计风格要有特色，版式布局新颖独特，能吸引读者阅读。

（5）设计规格为 420mm（宽）×297mm（高），分辨率为 300 dpi。

习题 2.2　项目素材及要点

1．素材资源

图片素材所在位置：本书学习资源中的 "Ch11\素材\制作珠宝栏目\01~09"。

文字素材所在位置：本书学习资源中的 "Ch11\素材\制作珠宝栏目\文字文档"。

2．设计作品

设计作品参考效果所在位置：本书学习资源中的 "Ch11\效果\制作珠宝栏目.ai"，效果如图 11-171 所示。

图 11-171

3．制作要点

使用置入命令置入人物和珠宝图片，使用矩形工具和画笔面板制作栏目框，使用文字工具和字符面板添加栏目内容。

11.4 广告设计——制作家电广告

11.4.1 项目背景及要求

1. 客户名称
方菲电器公司。

2. 客户需求
方菲电器以简洁卓越的品牌形象、不断创新的公司理念和竭诚高效的服务质量而闻名，目前方菲推出一批新款电器，要求制作宣传广告，能够适用于街头派发及公告栏展示，以宣传家电为主要内容，能表现出电器的新技术及特色。

3. 设计要求
（1）广告内容以家电照片为主，将体现特点的符号与图片相结合，相互衬托。

（2）色调要通透明亮，带给人安宁舒适的感受。

（3）整体设计要寓意深远且紧扣主题，能使人产生购买欲望。

（4）设计规格为 210mm（宽）×285mm（高），分辨率为 300 dpi。

11.4.2 项目素材及要点

1. 素材资源
图片素材所在位置：本书学习资源中的 "Ch11\素材\制作家电广告\01、02"。

文字素材所在位置：本书学习资源中的 "Ch11\素材\制作家电广告\文字文档"。

2. 设计作品
设计作品效果所在位置：本书学习资源中的 "Ch11\效果\制作家电广告.ai"，效果如图 11-172 所示。

3. 制作要点
使用矩形工具、钢笔工具、渐变工具和投影命令制作背景效果，使用置入命令添加宣传图片，使用文字工具和复制命令添加宣传语，使用椭圆工具、文字工具和剪刀工具添加相关信息。

图 11-172

11.4.3 案例制作步骤

（1）按 Ctrl+N 组合键，新建一个文档，设置文档的宽度为 210mm，高度为 285mm，取向为竖向，颜色模式为 CMYK。选择矩形工具■，绘制一个矩形，如图 11-173 所示。双击渐变工具■，会弹出 "渐变" 控制面板，在色带上设置两个渐变滑块，分别将渐变滑块的位置设为 0、100，并将其 C、M、Y、K 的值分别设置为 0（7、48、15、0）、100（0、91、71、0），其他选项的设置如图 11-174 所示，图形被填充渐变色，并设置描边色为无，效果如图 11-175 所示。

图 11-173 　　　　　　　图 11-174 　　　　　　　图 11-175

（2）选择钢笔工具 ，在适当的位置绘制图形。设置图形填充色的 C、M、Y、K 值分别为 1、91、54、0，填充图形，并设置描边色为无，效果如图 11-176 所示。选择"效果 > 风格化 > 投影"命令，在弹出的对话框中将投影颜色的 C、M、Y、K 值分别设置为 39、91、63、2，其他选项的设置如图 11-177 所示，单击"确定"按钮，效果如图 11-178 所示。用上述方法绘制图形，并填充相同的颜色，添加投影后，效果如图 11-179 所示。

图 11-176 　　　　　　　图 11-177 　　　　　　　图 11-178 　　　　　　　图 11-179

（3）选择"文件 > 置入"命令，会弹出"置入"对话框，选择本书学习资源中的"Ch11 > 素材 > 制作家电广告 > 01"文件，单击"置入"按钮，置入文件。单击属性栏中的"嵌入"按钮，嵌入图片，并调整其大小，效果如图 11-180 所示。选择文字工具 ，在适当的位置分别输入需要的文字，选择选择工具 ，在属性栏中分别选择合适的字体和文字大小，效果如图 11-181 所示。

（4）分别选取需要的文字，设置文字填充色为黄色（其 C、M、Y、K 的值分别为 6、12、87、0）或白色，填充文字，效果如图 11-182 所示。选择选择工具 ，将需要的文字同时选取，按住 Alt 键的同时，将其拖曳到适当的位置，复制文字，效果如图 11-183 所示。

图 11-180 　　　　　　　图 11-181 　　　　　　　图 11-182 　　　　　　　图 11-183

（5）选择选择工具 ▶，分别选取文字，填充适当的颜色，效果如图 11-184 所示。将需要的文字同时选取，连续按 Ctrl+ [组合键，后移文字，效果如图 11-185 所示。分别选取文字，将其旋转到适当的角度，效果如图 11-186 所示。

图 11-184

图 11-185

图 11-186

（6）选择钢笔工具 ✎，在适当的位置绘制图形。设置图形填充色的 C、M、Y、K 值分别为 19、94、100、0，填充图形，并设置描边色为无，效果如图 11-187 所示。选择选择工具 ▶，将图形选取，按住 Alt 键的同时，将其拖曳到适当的位置，复制图形，填充为白色，效果如图 11-188 所示。

图 11-187

图 11-188

（7）选择文字工具 T，在适当的位置输入需要的文字，选择选择工具 ▶，在属性栏中选择合适的字体和文字大小，设置文字填充色的 C、M、Y、K 值分别为 1、91、54、0，填充文字，效果如图 11-189 所示。拖曳文字将其旋转到适当的角度，效果如图 11-190 所示。

（8）按 Ctrl+O 组合键，打开本书学习资源中的"Ch11 > 素材 > 制作家电广告 > 02"文件，选择选择工具 ▶，按 Ctrl+A 组合键，全选图形。按 Ctrl+C 组合键，复制图形。选择正在编辑的页面，按 Ctrl+V 组合键，将其粘贴到页面中，并拖曳到适当的位置，效果如图 11-191 所示。

图 11-189

图 11-190

图 11-191

（9）选择椭圆工具 ⬭，按住 Shift 键的同时，在适当的位置绘制圆形，设置图形填充色的 C、M、Y、K 值分别为 32、100、77、1，填充图形，并设置描边色为无，效果如图 11-192 所示。

（10）选择选择工具 ▶，选取图形，按住 Alt 键的同时，将其拖曳到适当的位置，复制图形，效果如图 11-193 所示。再次拖曳图形到适当的位置，复制图形，如图 11-194 所示。设置图形填充色的 C、M、Y、K 值分别为 25、97、55、0，填充图形，效果如图 11-195 所示。

图 11-192 　　　　　　图 11-193 　　　　　　图 11-194 　　　　　　图 11-195

（11）选择文字工具 T ，在适当的位置分别输入需要的文字，在属性栏中分别选择合适的字体和文字大小，填充文字为白色，效果如图 11-195 所示。

（12）选择椭圆工具 ◯ ，按住 Shift 键的同时，在适当的位置绘制圆形，填充描边色为白色，在属性栏中将"描边粗细"选项设为 1.2pt，效果如图 11-197 所示。选择剪刀工具 ✂ ，在圆上需要的位置单击，剪切图形，如图 11-198 所示。在圆的另一位置再次单击，剪切图形，如图 11-199 所示。

图 11-196 　　　　　　图 11-197 　　　　　　图 11-198 　　　　　　图 11-199

（13）选择选择工具 ▶ ，选取需要的图形，如图 11-200 所示，按 Delete 键，删除图形，效果如图 11-201 所示。用相同的方法制作其他圆上的效果，如图 11-202 所示。

图 11-200 　　　　　　　图 11-201 　　　　　　　　图 11-202

（14）选择选择工具 ▶ ，将需要的图形和文字同时选取，连续按 Ctrl+ [组合键，后移图形和文字，效果如图 11-203 所示。选择文字工具 T ，在适当的位置输入需要的文字，选择选择工具 ▶ ，在属性栏中选择合适的字体和文字大小，填充文字为白色，效果如图 11-204 所示。家电广告制作完成，效果如图 11-205 所示。

图 11-203

图 11-204

图 11-205

课堂练习 1——制作化妆品广告

练习 1.1　项目背景及要求

1．客户名称
绿叶香化妆品有限公司。

2．客户需求
绿叶香化妆品是一家专门经营高档女性化妆品的公司，公司近期推出一款针对少女肤质研发而成的护肤套装，现进行促销活动，需要制作针对此次优惠活动的促销广告，要求符合公司形象，并且要迎合少女的喜好。

3．设计要求
（1）广告背景要制作出清新、淡雅的视觉效果。

（2）多使用蓝色等符合少女形象的色彩，画面要求干净、清爽。

（3）使用插画的形式为画面进行点缀搭配，丰富画面效果，与背景搭配和谐舒适。

（4）广告设计能够吸引少女的注意力，突出产品及促销内容。

（5）设计规格为 150mm（宽）×206mm（高），分辨率为 300 dpi。

练习 1.2　项目素材及要点

1．素材资源
图片素材所在位置：本书学习资源中的"Ch11\素材\制作化妆品广告\01~05"。

文字素材所在位置：本书学习资源中的"Ch11\素材\制作化妆品广告\文字文档"。

2．设计作品
设计作品参考效果所在位置：本书学习资源中的"Ch11\效果\制作化妆品广告"，如图 11-206 所示。

图 11-206

3．制作要点

使用置入命令制作背景效果，使用文字工具和字符面板添加宣传文字。

课堂练习2——制作果汁广告

练习 2.1　项目背景及要求

1．客户名称

纯源果汁有限公司。

2．客户需求

纯源果汁有限公司是一家专做纯正鲜果饮品的公司，此次有新品果汁推出，需要制作针对此次活动的宣传广告，要求符合产品特色，迎合鲜果爱好者的喜好。

3．设计要求

（1）广告背景要制作出纯正、浓郁的效果。

（2）以橘色和黄色为主，展现出干净清爽的画面效果。

（3）画面要动感十足，主题醒目突出，与背景搭配和谐舒适。

（4）广告设计能够吸引鲜果爱好者的注意力，突出宣传内容。

（5）设计规格为 200mm（宽）×280mm（高），分辨率为 300 dpi。

练习 2.2　项目素材及要点

1．素材资源

图片素材所在位置：本书学习资源中的'Ch11\素材\制作果汁广告\01"。

文字素材所在位置：本书学习资源中的'Ch11\素材\制作果汁广告\文字文档"。

图 11-207

2．设计作品

设计作品参考效果所在位置：本书学习资源中的"Ch11\效果\制作果汁广告.ai"，效果如图 11-207 所示。

3．制作要点

使用矩形工具、渐变工具和置入命令制作背景效果，使用文字工具、字符面板、创建轮廓命令和矩形工具制作宣传语，使用钢笔工具、文字工具、旋转工具和椭圆工具制作其他文字。

课后习题 1——制作相机广告

习题 1.1　项目背景及要求

1．客户名称

多利电器公司。

2．客户需求

多利电器公司以简洁卓越的品牌形象、不断创新的公司理念和竭诚高效的服务质量而闻名。目前多利电器公司推出一款新型相机，要求制作宣传广告，能够适用于街头派发及公告栏展示，以宣传相机为主要内容，能表现出相机的新技术及特色。

3．设计要求

（1）广告内容以相机照片为主，将体现特点的符号与图片相结合，相互衬托。

（2）色调要通透明亮，给人舒适的感受。

（3）画面要层次分明，充满韵律感和节奏感。

（4）整体设计要寓意深远且紧扣主题，能使人产生购买欲望。

（5）设计规格为 210mm（宽）×290mm（高），分辨率为 300 dpi。

习题 1.2　项目素材及要点

1．素材资源

图片素材所在位置：本书学习资源中的"Ch11\素材\制作相机广告\01~03"。

文字素材所在位置：本书学习资源中的"Ch11\素材\制作相机广告\文字文档"。

2．设计作品

设计作品参考效果所在位置：本书学习资源中的"Ch11\效果\制作相机广告.ai"，效果如图 11-208 所示。

3．制作要点

使用矩形工具、置入命令和创建剪切蒙版工具制作背景图片，使用文字工具、字符面板、创建轮廓命令和渐变工具制作介绍性文字。

图 11-208

课后习题 2——制作家居广告

习题 2.1　项目背景及要求

1．客户名称

瀚海家居。

2．客户需求

瀚海家居是一家专门制作家居用品的公司，最近推出了一款新的产品，是针对喜爱欧式设计的群体而研发的，现进行促销活动，需要制作针对此次活动的促销广告，要求能够体现该产品的特色。

3．设计要求

（1）广告内容以产品图片为主，突出对产品的宣传和介绍。

（2）色调要明亮宽广，能增强视觉宽广度，带给人舒适爽快的印象。

（3）画面要有层次感，突出主要信息。

（4）整体设计能展现出产品的功能特色及优势特性，能使人产生购买欲望。

（5）设计规格为 210mm（宽）×297mm（高），分辨率为 300 dpi。

习题 2.2　项目素材及要点

1．素材资源

图片素材所在位置：本书学习资源中的 'Ch11\素材\制作家居广告\01~08"。

文字素材所在位置：本书学习资源中的 'Ch11\素材\制作家居广告\文字文档"。

2．设计作品

设计作品参考效果所在位置：本书学习资源中的 "Ch11\效果\制作家居广告.ai"，效果如图 11-209 所示。

3．制作要点

使用矩形工具、置入命令和创建剪切蒙版工具制作宣传图片，使用文字工具、创建轮廓命令和渐变工具制作宣传语，使用钢笔工具和文字工具添加路径文字。

图 11-209

11.5　包装设计——制作巧克力豆包装

11.5.1　项目背景及要求

1．客户名称

谷饼香食品有限公司。

2．客户需求

谷饼香食品有限公司是一家以经营零食为主的食品公司。现制作一款针对最新推出的巧克力豆的外包装设计，要求传达出健康、快乐的特点，并且包装上的画面要丰富，能够快速地吸引消费者的注意。

3．设计要求

（1）包装风格要精致雅观。

（2）图案要使用卡通形象，配合整体的包装风格。

（3）设计要简洁大气，图文搭配编排合理，视觉效果强烈。

（4）以真实简洁的方式向观者传达信息内容。

（5）设计规格为 297mm（宽）×210mm（高），分辨率为 300 dpi。

11.5.2　项目素材及要点

1．素材资源

图片素材所在位置：本书学习资源中的 "Ch11\素材\制作巧克力豆包装\01、02"。

文字素材所在位置：本书学习资源中的"Ch11\素材\制作巧克力豆包装\文字文档"。

2．设计作品

设计作品参考效果所在位置：本书学习资源中的"Ch11\效果\制作巧克力豆包装.ai"，效果如图 11-210 所示。

3．制作要点

使用钢笔工具、透明度控制面板和高斯模糊命令制作包装底图，使用椭圆工具、钢笔工具、描边面板和变形命令制作卡通头像，使用复制命令和创建剪切蒙版命令制作蒙版效果，使用椭圆工具、描边面板和艺术效果面板制作装饰线条和图形，使用文字工具和字符面板添加宣传文字。

图 11-210

11.5.3　案例制作步骤

1．绘制包装底图

（1）按 Ctrl+N 组合键，新建一个文档，设置文档的宽度为 297mm，高度为 210mm，取向为横向，颜色模式为 CMYK。

（2）选择钢笔工具 ✐，在适当的位置绘制图形。双击渐变工具 ▣，会弹出"渐变"控制面板，在色带上设置 4 个渐变滑块，分别将渐变滑块的位置设为 0、12、94、100，并将其 C、M、Y、K 的值分别设置为 0（0、6、15、30）、12（0、6、15、0）、94（0、6、15、0）、100（0、6、15、10），其他选项的设置如图 11-211 所示，图形被填充渐变色，并设置描边色为无，效果如图 11-212 所示。

（3）选择钢笔工具 ✐，在适当的位置绘制图形，设置图形填充色的 C、M、Y、K 值分别为 54、54、56、0，填充图形，并设置描边色为无，效果如图 11-213 所示。选择"窗口 > 透明度"命令，在弹出的面板中进行设置，如图 11-214 所示，按 Enter 键确认操作，效果如图 11-215 所示。

图 11-211　　　　图 11-212　　　　图 11-213　　　　图 11-214　　　　图 11-215

（4）保持图形的选取状态。选择"效果 > 模糊 > 高斯模糊"命令，在弹出的对话框中进行设置，如图 11-216 所示，单击"确定"按钮，效果如图 11-217 所示。用相同的方法制作其他图形，效果如图 11-218 所示。选择钢笔工具 ✐，在适当的位置绘制白色图形，效果如图 11-219 所示。

图 11-216

（5）选择直线段工具 ╱，在适当的位置绘制一条直线，设置图形描边色的 C、M、Y、K 值分别为 21、23、30、0，填充描边，效果如图 11-220 所示。

图 11-217　　　图 11-218　　　图 11-219　　　　　图 11-220

（6）选择选择工具 ，将需要的线选取，按住 Alt 键的同时，将其拖曳到适当的位置，复制线，效果如图 11-221 所示。连续按 Ctrl+D 组合键，再复制出多条线，效果如图 11-222 所示。

图 11-221　　　　　　　　　　　　　图 11-222

2．制作主体图像

（1）按 Ctrl+O 组合键，打开本书学习资源中的"Ch11 > 素材 > 制作巧克力豆包装 > 01"文件，选择选择工具 ，按 Ctrl+A 组合键，全选图形。按 Ctrl+C 组合键复制图形。选择正在编辑的页面，按 Ctrl+V 组合键，将其粘贴到页面中，效果如图 11-223 所示。

（2）选择椭圆工具 ，在适当的位置绘制椭圆形，在属性栏中将"描边粗细"选项设为 1pt，设置图形描边色的 C、M、Y、K 值分别为 45、14、24、0，填充描边，效果如图 11-224 所示。选择"窗口 > 画笔库 > 艺术效果 > 艺术效果_粉笔炭笔铅笔"命令，在弹出的面板中选择需要的画笔样式，如图 11-225 所示，圆形效果如图 11-226 所示。

图 11-223　　　　　图 11-224　　　　　图 11-225　　　　　图 11-226

（3）选择椭圆工具 ，绘制一个椭圆形，设置图形填充色的 C、M、Y、K 值分别为 44、82、100、8，填充图形，并设置描边色为无，效果如图 11-227 所示。按住 Shift 键的同时，绘制圆形，设置图形填充色的 C、M、Y、K 值分别为 6、27、74、0，填充图形，并设置描边色为无，效果如图 11-228 所示。选择选择工具 ，将需要的图形选取，按住 Alt 键的同时，将其拖曳到适当的位置，复制图形，效果如图 11-229 所示。

图 11-227　　　　　　　　图 11-228　　　　　　　　图 11-229

（4）用相同的方法再次绘制圆形，并填充与上方圆形相同的颜色，效果如图 11-230 所示。选择钢笔工具，在适当的位置绘制曲线，设置描边色的 C、M、Y、K 值分别为 89、70、55、17，填充描边，效果如图 11-231 所示。用相同的方法绘制右侧的曲线，效果如图 11-232 所示。

图 11-230　　　　　　　　图 11-231　　　　　　　　图 11-232

（5）选择椭圆工具，绘制一个椭圆形，设置图形填充色的 C、M、Y、K 值分别为 89、70、55、17，填充图形，并设置描边色为无，效果如图 11-233 所示。选择"效果 > 变形 > 下弧形"命令，在弹出的对话框中进行设置，如图 11-234 所示，单击"确定"按钮，效果如图 11-235 所示。

图 11-233　　　　　　　　图 11-234　　　　　　　　图 11-235

（6）选择钢笔工具，在适当的位置绘制曲线，设置描边色的 C、M、Y、K 值分别为 89、70、55、17，填充描边，效果如图 11-236 所示。用相同的方法绘制右侧的曲线，效果如图 11-237 所示。

（7）选择钢笔工具，在适当的位置绘制图形，并将其填充为白色，设置描边色为无，效果如图 11-238 所示。用相同的方法绘制右侧的图形，效果如图 11-239 所示。

图 11-236　　　　　　图 11-237　　　　　　图 11-238　　　　　　图 11-239

（8）选择选择工具，选取需要的椭圆形，按 Ctrl+C 组合键，复制图形，按 Ctrl+F 组合键，原位粘贴图形。按 Ctrl+Shift+] 组合键，将图形置于最前方，如图 11-240 所示。将需要的图形同时选取，如图 11-241 所示，按 Ctrl+7 组合键，创建剪贴蒙版，效果如图 11-242 所示。连续按 Ctrl+[组合键，后移图形，效果如图 11-243 所示。

| 图 11-240 | 图 11-241 | 图 11-242 | 图 11-243 |

（9）选择选择工具 ▶，将需要的图形同时选取，按 Ctrl+G 组合键，编组图形，并将其拖曳到适当的位置，效果如图 11-244 所示。选择椭圆工具 ⬭，按住 Shift 键的同时，在适当的位置绘制圆形，在属性栏中将"描边粗细"选项设为 0.5pt，设置图形描边色的 C、M、Y、K 值分别为 6、17、74、0，填充描边，效果如图 11-245 所示。在"艺术效果_粉笔炭笔铅笔"面板中选择需要的画笔样式，如图 11-246 所示，圆形效果如图 11-247 所示。

| 图 11-244 | 图 11-245 | 图 11-246 | 图 11-247 |

（10）用上述方法制作其他两个圆形，效果如图 11-248 所示。选择"文件 > 置入"命令，会弹出"置入"对话框，选择本书学习资源中的"Ch11 > 素材 > 制作巧克力豆包装 > 02"文件，单击"置入"按钮，置入文件。单击属性栏中的"嵌入"按钮，嵌入图片，并调整其大小，效果如图 11-249 所示。

（11）选择钢笔工具 ✎，在适当的位置绘制图形，如图 11-250 所示。选择选择工具 ▶，将图形和图片同时选取，按 Ctrl+7 组合键，创建剪切蒙版，效果如图 11-251 所示。

| 图 11-248 | 图 11-249 | 图 11-250 | 图 11-251 |

（12）选择钢笔工具 ⟋，按住 Shift 键的同时，在适当的位置绘制直线，在属性栏中将"描边粗细"选项设为 2pt，设置图形描边色的 C、M、Y、K 值分别为 6、27、74、0，填充描边，效果如图 11-252 所示。在"艺术效果_粉笔炭笔铅笔"面板中选择需要的画笔样式，如图 11-253 所示，图形效果如图 11-254 所示。用相同的方法绘制其他图形，效果如图 11-255 所示。

图 11-252　　　　　图 11-253　　　　　图 11-254　　　　　图 11-255

（13）选择椭圆工具 ⬭，在适当的位置绘制椭圆形，在属性栏中将"描边粗细"选项设为 1pt，设置图形填充色和描边色的 C、M、Y、K 值分别为 6、27、74、0，填充图形和描边，效果如图 11-256 所示。在"艺术效果_粉笔炭笔铅笔"面板中选择需要的画笔样式，如图 11-257 所示，图形效果如图 11-258 所示。

（14）选择矩形工具 ▢，在适当的位置绘制一个矩形，填充为白色，并设置描边色为无，效果如图 11-259 所示。选择钢笔工具 ⟋，绘制一个图形，填充白色，并设置描边色为无，效果如图 11-260 所示。

图 11-256　　　　图 11-257　　　　图 11-258　　　　图 11-259　　　　图 11-260

3．添加宣传文字和投影

（1）选择文字工具 T，在适当的位置分别输入需要的文字，选择选择工具 ▸，在属性栏中分别选择合适的字体和文字大小，设置文字填充色的 C、M、Y、K 值分别为 0、6、15、0，填充文字，效果如图 11-261 所示。选取上方的文字，向左拖曳调整文字，效果如图 11-262 所示。用相同的方法调整下方的文字，效果如图 11-263 所示。

图 11-261　　　　　图 11-262　　　　　图 11-263

（2）选择文字工具 T，在适当的位置输入需要的文字，选择选择工具 ▸，在属性栏中选择合适的字体和文字大小，设置文字填充色的 C、M、Y、K 值分别为 89、70、55、17，填充文字，效果如

图 11-264 所示。拖曳鼠标调整其角度和位置，效果如图 11-265 所示。用相同的方法在下方分别输入需要的文字，效果如图 11-266 所示。

图 11-264　　　　　　图 11-265　　　　　　图 11-266

（3）选择文字工具 T，将光标置于需要的位置，如图 11-267 所示。选择"窗口 > 文字 > 字符"命令，在弹出的面板中进行设置，如图 11-268 所示，按 Enter 键确认操作，效果如图 11-269 所示。

（4）选择选择工具 ，选取右侧的文字，在"字符"面板中进行设置，如图 11-270 所示，按 Enter 键确认操作，效果如图 11-271 所示。

图 11-267　　　　　图 11-268　　　　　　图 11-269　　　　　　图 11-270　　　　　图 11-271

（5）选择钢笔工具 ，在适当的位置绘制图形，设置图形填充色的 C、M、Y、K 值分别为 15、100、100、0，填充图形，并设置描边色为无，效果如图 11-272 所示。选择选择工具 ，选取需要的图形，按住 Alt 键的同时，将其拖曳到适当的位置，复制图形，设置图形填充色的 C、M、Y、K 值分别为 15、100、100、45，填充图形，并设置描边色为无，效果如图 11-273 所示。

（6）保持图形的选取状态。选择"效果 > 模糊 > 高斯模糊"命令，在弹出的对话框中进行设置，如图 11-274 所示，单击"确定"按钮，效果如图 11-275 所示。按 Ctrl+ [组合键，后移图形，效果如图 11-276 所示。

图 11-272　　　　　图 11-273　　　　　　图 11-274　　　　　　图 11-275　　　　　图 11-276

（7）选择文字工具 T，在适当的位置输入需要的文字，选择选择工具 ，在属性栏中选择合适的字体和文字大小，填充文字为白色，效果如图 11-277 所示。拖曳鼠标将其旋转到适当的角度，效果如图 11-278 所示。

图 11-277　　　　　　　图 11-278

（8）选择选择工具 ，将需要的图形同时选取，按 Ctrl+G 组合键，编组图形，并将其拖曳到适当的位置，效果如图 11-279 所示。连续按 Ctrl+ [组合键，后移图形，效果如图 11-280 所示。选择选择工具 ，选取需要的图形，按 Ctrl+C 组合键，复制图形，按 Ctrl+F 组合键，原位粘贴图形。按 Ctrl+Shift+] 组合键，将图形置于最前方，如图 11-281 所示。将复制的图形和编组图形同时选取，按 Ctrl+7 组合键，创建剪切蒙版，效果如图 11-282 所示。

图 11-279　　　　　图 11-280　　　　　图 11-281　　　　　图 11-282

（9）选择椭圆工具 ，在适当的位置绘制椭圆形，填充为黑色，并设置描边色为无，效果如图 11-283 所示。在"透明度"控制面板中进行设置，如图 11-284 所示，按 Enter 键确认操作，效果如图 11-285 所示。

图 11-283　　　　　　图 11-284　　　　　　图 11-285

（10）选择"效果 > 模糊 > 高斯模糊"命令，在弹出的对话框中进行设置，如图 11-286 所示，单击"确定"按钮，效果如图 11-287 所示。连续按 Ctrl+ [组合键，后移图形，效果如图 11-288 所示。巧克力豆包装绘制完成，效果如图 11-289 所示。

图 11-286

图 11-287

图 11-288

图 11-289

课堂练习1——制作茶叶包装盒

练习 1.1 项目背景及要求

1．客户名称
Chewing 茶叶公司。

2．客户需求
Chewing 茶叶公司是一家以经营茶叶为主的公司，现要求制作一款针对最新推出的茶叶的外包装，既能体现出茶叶的种类，又能展示出产品的主要特色。

3．设计要求
（1）包装整体色彩以红色为主，体现出名族特色。
（2）字体要简洁大气，配合整体的包装风格，让人印象深刻。
（3）设计以祥云、茶壶等为主要装饰，视觉效果强烈。
（4）以真实简洁的方式向观者传达信息内容。
（5）设计规格为 490mm（宽）×490mm（高），分辨率为 300 dpi。

练习 1.2 项目素材及要点

1．素材资源
图片素材所在位置：本书学习资源中的"Ch11\素材\制作茶叶包装盒\01~08"。

文字素材所在位置：本书学习资源中的"Ch11\素材\制作茶叶包装盒\文字文档"。

2．设计作品
设计作品参考效果所在位置：本书学习资源中的"Ch11\效果\制作茶叶包装盒.ai"，效果如图 11-290 所示。

图 11-290

3．制作要点
使用置入命令、矩形工具和创建剪切蒙版命令制作包装主体，使用矩形工具和倾斜工具制作包装侧面。

课堂练习2——制作果汁饮料包装

练习 2.1　项目背景及要求

1．客户名称
怡华食品百货。

2．客户需求
怡华食品百货是一家专门从事果汁饮料的企业，果汁饮料的品种多样，口味丰富。本案例是为食品公司制作的果汁饮料包装设计，要求品牌名称突出，画面醒目直观，能显示最新的饮料口味。

3．设计要求
（1）包装要设计为瓶装，采用塑料的包装形式。

（2）使用插画的形式设计装饰画面。

（3）设计图形使用鲜艳的色彩，以提高辨识度。

（4）设计规格为 145mm（宽）×200mm（高），分辨率为 300 dpi。

练习 2.2　项目素材及要点

1．素材资源
图片素材所在位置：本书学习资源中的"Ch11\素材\制作果汁饮料包装\01~08"。

文字素材所在位置：本书学习资源中的"Ch11\素材\制作果汁饮料包装\文字文档"。

2．设计作品
设计作品参考效果所在位置：本书学习资源中的"Ch11\效果\制作果汁饮料包装.ai"，效果如图 11-291 所示。

图 11-291

3．制作要点
使用矩形工具、椭圆工具、钢笔工具和模糊命令绘制主体效果，使用置入命令置入产品图片，使用文字工具、封套扭曲命令和渐变工具制作包装名称和装饰图案。

课后习题 1——制作耳机包装

习题 1.1　项目背景及要求

1．客户名称
怡联电子有限公司。

2．客户需求
怡联电子有限公司是一家专门从事电子产品的企业，现要求制作一款专为游戏设计的豪华耳机，耳机为订制产品，坚韧耐用、使用期长、宣传性强，要求造型美观，并且能够体现立体音效的特色。

3．设计要求
（1）使用实物图片的形式体现耳机的特点。
（2）文字与图片搭配合理，能吸引消费者的眼球。
（3）整体画面简洁，色彩运用得当。
（4）以真实简洁的方式向观者传达信息内容。
（5）设计规格为 697mm（宽）×507mm（高），分辨率为 300 dpi。

习题 1.2　项目素材及要点

1．素材资源
图片素材所在位置：本书学习资源中的 "Ch11\素材\制作耳机包装\01~04"。

2．设计作品
设计作品参考效果所在位置：本书学习资源中的 "Ch11\效果\制作耳机包装.ai"，效果如图 11-292 所示。

图 11-292

3．制作要点
使用直线段工具和描边控制面板制作虚线效果，使用置入命令置入产品图片，使用文字工具、倾斜工具、创建轮廓命令和渐变工具制作包装名称和介绍性文字。

课后习题 2——制作糖果手提袋

习题 2.1　项目背景及要求

1．客户名称
绿荫美环保公司。

2．客户需求
绿荫美环保公司是一家专门从事健康生态环保的企业，要求制作一款糖果手提袋，要求造型美观，并且能够体现环保和糖果的特色。

3．设计要求
（1）使用插画的形式体现环保的特点。
（2）字体要简洁直观，符合整体的设计风格。
（3）设计要清新大气，给人舒适感。
（4）以真实简洁的方式向观者传达信息内容。
（5）设计规格为 285mm（宽）×210mm（高），分辨率为 300 dpi。

习题 2.2　项目素材及要点

1．素材资源
图片素材所在位置：本书学习资源中的"Ch11\素材\制作糖果手提袋\01"。
文字素材所在位置：本书学习资源中的"Ch11\素材\制作糖果手提袋\文字文档"。

2．设计作品
设计作品参考效果所在位置：本书学习资源中的"Ch11\效果\制作糖果手提袋.ai"，效果如图 11-293 所示。

图 11-293

3．制作要点
使用椭圆工具、路径查找器面板和直接选择工具制作糖果，使用文字工具添加文字信息，使用倾斜工具制作手提袋图标倾斜效果。